U0228122

RFID
技术应用

韩颖　陈珹 主编

陈亚平　吴起　赵翠玉 副主编

清华大学出版社

北 京

内 容 简 介

本书选取物联网工程应用中较为典型的 RFID 应用场景作为项目案例,将 RFID 技术、RFID 系统、RFID 通信协议、RFID 系统关键技术等方面的基本知识和从事 RFID 技术相关岗位必备的知识点有机融入项目开发过程中,帮助读者建立 RFID 技术应用的工程意识;引入开源电子原型平台 Arduino,完成 RFID 实验,激发读者的学习兴趣,增强读者的感性认识,有助于读者理解抽象性、理论性的问题。同时本书呈现形式多样,支持读者线上、线下混合式学习。

本书共有 5 个专题,分为 13 个任务和 5 个实验,主要内容包括 RFID 系统的基础知识、RFID 门禁系统、RFID 智能安全管理系统、RFID 智能交通管理系统和 Arduino 实验。

本书可作为高等职业院校电子信息类专业的教材,也可作为从事电子信息等领域相关人员的参考用书,并且有在线开放课程"RFID 技术应用"作为支撑。

图书在版编目(CIP)数据

RFID 技术应用/韩颖,陈珹主编. —北京:清华大学出版社,2023.3(2025.1重印)
ISBN 978-7-302-62577-3

Ⅰ. ①R… Ⅱ. ①韩… ②陈… Ⅲ. ①无线电信号-射频-信号识别-应用 Ⅳ. ①TN911.23

中国国家版本馆 CIP 数据核字(2023)第 022866 号

责任编辑:杜 晓
封面设计:傅瑞学
责任校对:袁 芳
责任印制:刘 菲

出版发行:清华大学出版社
  网 址:https://www.tup.com.cn,https://www.wqxuetang.com
  地 址:北京清华大学学研大厦 A 座   邮 编:100084
  社 总 机:010-83470000   邮 购:010-62786544
  投稿与读者服务:010-62776969,c-service@tup.tsinghua.edu.cn
  质量反馈:010-62772015,zhiliang@tup.tsinghua.edu.cn
  课件下载:https://www.tup.com.cn,010-83470410
印 装 者:三河市铭诚印务有限公司
经 销:全国新华书店
开 本:185mm×260mm 印 张:9.25 字 数:219 千字
版 次:2023 年 3 月第 1 版   印 次:2025 年 1 月第 3 次印刷
定 价:49.00 元

产品编号:094576-01

前　言

　　物联网被称为继计算机、互联网与移动通信之后世界信息产业发展的第三次浪潮，被列为国家重点发展战略性产业之一。如今，从"互联网＋"到"中国制造2025"，都离不开物联网的支撑。RFID技术是物联网重要的前端核心技术之一，因为它具备非接触自动识别的特点，所以近年来其应用领域得到快速拓展，是一项充满活力和创意、深受相关领域关注和期待的信息采集技术。

　　作为高职高专物联网专业和计算机网络应用专业的学生，应该了解RFID技术的概念和特点，理解RFID的基本原理，掌握电子标签、RFID读写器的系统组成，并能够进行实际设备安装调试，以满足迅猛发展的物联网产业对应用型工程技术人员的需求。

　　经市场调研和网络搜索，目前适用于高等职业院校的RFID技术应用相关教材较少且大部分教材主要根据理论体系编写，实验则是基于编者所在学校专门的实验设备。本书按照RFID频段分类选取典型的RFID应用场景，编写教学内容，并引入开源电子原型平台Arduino，完成RFID实验，不受设备、场地限制，便于读者学习。

　　本书共由5个专题组成，主要内容如下。

　　专题1　RFID系统的基础知识，介绍了RFID系统的组成与工作原理，以及RFID的标准与规范。

　　专题2　RFID门禁系统，介绍了电子标签、读写器以及数据的编码与调制，并以RFID门禁系统为例，深入分析了低频RFID系统的设计与实现。

　　专题3　RFID智能安全管理系统，介绍了数据校验、通信接口、系统隐私与安全防范等内容，并以RFID智能安全管理系统为例，深入分析了高频RFID系统的设计与实现。

　　专题4　RFID智能交通管理系统，介绍了RFID防碰撞、RFID系统测试与优化等知识点，并以RFID智能交通管理系统为例，深入分析了超高频RFID系统的设计与实现。

　　专题5　Arduino实验，引入开源电子原型平台Arduino，深入分析了5个有代表性的实验。

　　本书具有以下特点。

1. 结构模块化

本书借鉴 CBE 职业教育理论和 DACUM 方法,采用模块化结构。每个专题又基于 RFID 应用系统的构建流程,细化为系统分析、关键技术、系统设计与实现等任务,递进式地强化对学习者综合能力的培养,形成科学的学习过程。

2. 内容丰富化

本书包含 RFID 系统相关理论知识和实际工程案例资源,在满足读者基础学习的前提下,尽量拓展其知识面。

3. 理实一体化

本书既有系统的知识,又有对应的技能训练项目;针对专题的重点、难点,还布置了讨论与习题,激发读者的学习兴趣。

4. 形式多样化

本书内容呈现形式多样,有多媒体课件、微课视频、工程案例等教学资源,配套在线开放课程,支持线上、线下混合式学习,同时提供了丰富的习题资源,给读者提供了丰富的学习体验,提高了学习效率。

本书由江苏城乡建设职业学院韩颖、陈琡担任主编,陈亚平、吴起、赵翠玉担任副主编,由江苏城乡建设职业学院韩颖负责全书的规划与统稿工作,并由江苏城乡建设职业学院王建玉教授主审。本书的编写得到了常州瀚森科技股份有限公司吴春晖、江苏首创高科信息工程技术有限公司李操两位企业专家的大力支持,同时得到了江苏城乡建设职业学院同事们的支持,在此向诸位表示衷心的感谢!

由于编者的知识水平和经验有限,书中难免存在不足之处,敬请广大读者给予批评、指正。

编　者

2023 年 1 月

本书配套教学资源下载

目 录

专题 1 RFID系统的基础知识

任务 1.1　认识 RFID 系统的组成与工作原理

【学习目标】

(1) 理解 RFID 技术与物联网、自动识别技术之间的关系；

(2) 掌握 RFID 系统的基本组成、硬件组件、软件组件等基本知识；

(3) 能够分析 RFID 应用系统的类型和性能指标；

(4) 了解无线电的物理学原理以及无线电磁波的发射与接收原理；

(5) 理解 RFID 系统的基本工作原理。

视频——RFID
系统的组成与
工作原理

【知识点】

(1) RFID 的技术特点；

(2) RFID 的应用；

(3) RFID 的发展历程；

(4) RFID 系统的组成；

(5) RFID 系统的工作流程；

(6) RFID 系统的分类；

(7) RFID 技术的工作原理。

1.1.1　认识物联网

1. 物联网的概念

物联网即"物物相连的互联网"，是在互联网基础上延伸和扩展的网络，将各种信息传感设备与互联网结合起来形成一个巨大的网络，实现在任何时间、任何地点人、机、物的互联互通。在这项技术中，每个设备都能自动工作，根据环境变化自动响应，与其他或多个设备交换数据，不需要人为参与。整个系统由无线网络和互联网的完美结合构建。物联网的主要目的是提高设备的效率和准确性，为人们节省资金和时间。

视频——认识
物联网

2. 物联网的来源

物联网的概念最早出现于 1985 年。比尔·盖茨在 1995 年出版的《未来之路》一书中也提及了物联网。1998 年麻省理工学院提出了当时被称作 EPC 系统的物联网构想。其实物联网作为一个正式概念，是麻省理工学院的阿思顿教授于 1999 年正式提出来的。2005 年国际电联发布了互联网报告中有一场专题物联网报告,这表明"物联网"的概念已经在行业内得到广泛的认可。到了 2009 年,物联网在全球范围内进一步发展,美国提出了"智慧地球"的概念,欧盟提出了"物联网行动计划",韩国制定了"物联网基础设施构建基本规划",日本提出了"i-Japan"(智慧日本),我国提出了"感知中国",这些概念的核心技术都是物联网。2010 年我国将物联网确定为战略性信息产业重点发展方向。2016 年,NB-IoT(基于蜂窝的窄带物联网)技术开始规模商用,NB-IoT 主要解决数据的远距离、低功耗的传输问题。物联网发展的动力主要来自产业界,而不是学术界,因为物联网的产业链非常长,物联网的发展能带动一系列的产业发展。

3. 物联网的本质

物联网不仅仅是一个网络,更是一个平台、一个应用或一个业务的智能应用和服务。物联网的核心和基础仍将是互联网。但互联网需要一系列技术升级才能满足物联网的需求。物联网的本质如图 1-1-1 所示。

1)与互联网的相同点——技术基础相同

物联网和互联网都是建立在分组数据技术基础之上的,它们都采用数据分组网作为承载网,承载网和业务网是相分离的,业务网可以独立于承载网进行设计和独立发展。互联网是如此,物联网也一样。

图 1-1-1　物联网的本质

2)与互联网的不同点

(1)物联网与互联网的覆盖范围不同。

互联网的产生是为了让人通过网络交换信息,其服务的对象是人。

物联网是为物而生,让物自由地交换信息,主要是为了管理物,间接为人服务。因此,真正实现物联网必然比实现互联网更难。另外,从信息的进化上讲,从人的互联到物的互联是一种自然的递进,本质上互联网和物联网都是人类智慧的物化,人的智慧对自然界的影响才是信息化进程本质的原因。

(2)物联网与互联网的终端接入方式不同。

互联网用户通过终端系统的服务器(如台式机、笔记本和移动终端)访问互联网资源,发送或接收电子邮件,阅读新闻,写微博或读微博,在网上买卖股票、订机票、酒店,还可通过网络电话通信等。

物联网中的传感器节点需要通过无线传感器网络的汇聚节点接入互联网,RFID 芯片通过读写器与控制主机连接,再通过控制节点的主机接入互联网。

(3)物联网与互联网的数据采集方式不同。

从互联网所能够提供的服务功能来看,无论是基本的互联网服务功能(如 Telnet、E-mail、FTP、电子政务、电子商务、远程医疗、远程教育),还是基于对等结构的 P2P 网络新应用(如网络电话、网络电视、微博、播客、即时通信、搜索引擎、网络视频、网络游戏等),主要是实现人与人之间的信息交互与共享。

物联网的终端系统采用的是传感器、RFID,因此物联网感知的数据是传感器主动感知或者是 RFID 读写器自动读出的。

（4）物联网与互联网的技术范围不同。

物联网运用的技术主要包括无线技术、互联网、智能芯片技术、软件技术，几乎涵盖了信息技术的所有领域。

互联网只是物联网的一个技术方向，互联网只能是一种虚拟的交流，而物联网实现的就是实物之间的交流。

4. 物联网的运作

物联网是通过各种信息传感器、射频识别技术、全球定位系统、红外感应器、激光扫描器等装置与技术，实时采集任何需要监控、连接、互动的物体或过程，采集其声、光、热、电、力等各种信息，通过可能的网络接入，实现物与物、物与人的泛在连接，实现对物品和过程智能化的感知、识别和管理。也就是说，物联网主要通过整体感知、可靠传输和智能处理三步来完成整个运作过程。

物联网的运作，最简单的例子就是把家电联网，例如空调、电饭煲、电冰箱、智能门，以前这些物件是不能上网的，现在在这些物件上安装 Wi-Fi，通过 Wi-Fi 让这些物件能接通网络，然后在手机上安装一个 App 软件，只要家里物件的网络保持上网状态，那么你就可以在任何地方通过手机 App 端来控制这些物件了。简单地说，就是物联网是通过互联网来控制的。

5. 物联网的应用

1）智能家居

智能家居是物联网在家庭中的基础应用。家中无人时，可利用手机等产品客户端远程操作智能空调，调节室温，甚至可以学习用户的使用习惯，从而实现全自动的温控操作；通过客户端实现智能灯泡的开关，调控灯泡的亮度和颜色；插座内置 Wi-Fi，可实现遥控插座定时通断电流，甚至可以监测设备用电情况等。

2）公共安全

物联网可以实时监测环境的不安全性，根据情况提前预防、实时预警、及时采取应对措施，降低灾害对人类生命财产的威胁。美国布法罗大学在 2013 年就提出研究深海互联网项目，通过特殊处理的感应装置置于深海处，实时分析水下相关情况以及海洋污染的防治、海底资源的探测等。

3）智能交通

物联网技术在道路交通方面的应用比较成熟，可对道路交通状况进行实时监控，并将信息及时传递给驾驶人，让驾驶人及时做出出行调整，有效缓解交通压力；在高速路口设置道路自动收费系统，免去在进出口取卡、还卡的时间，提升车辆的通行效率；在公交车上安装定位系统，及时了解公交车行驶路线；还可以自动检测并报告公路、桥梁的"健康状况"，避免过载的车辆经过桥梁；还能够根据光线强度自动控制路灯的开关等。

4）现代物流管理

通过信息网络，处于物流状态的货物信息在网络中实现状态同步，并在网络中通过可靠、实时的信息共享，同步企业、用户之间的物流信息，有效地实现了物流产业和其他产业的沟通和融合，逐步形成一体化服务，满足顾客的多元化需求。同时通过感知技术自动采集物流信息，借助移动互联技术，随时把采集的物流信息通过网络传输到数据中心，使物流各环节的信息采集与实时共享，以及管理者对物流各环节运作进行实时调整与动态管控，这些都已经成为可能。

5）定位导航

物联网与卫星定位技术、GSM/GPRS/CDMA移动通信技术、GIS地理信息系统相结合，能够在互联网和移动通信网络覆盖范围内使用GPS技术，大大降低使用和维护成本，并能实现端到端的多向互动。

6）食品安全控制

通过标签识别和物联网技术，可以随时随地实时监控食品生产过程，联动跟踪食品质量，有效预防食品安全事故，极大地提高对食品安全的管理水平。

7）零售

RFID取代了零售业的传统条码系统（Barcode），使物品识别的穿透性（主要指穿透金属和液体）、远距离以及商品的防盗和跟踪有了极大的改进。

8）数字医疗

以RFID为代表的自动识别技术可以帮助医院实现对病人不间断的监控、会诊、共享医疗记录以及对医疗器械的追踪等。而物联网将这种服务扩展至全世界范围。RFID技术与医院信息系统（HIS）及药品物流系统的融合，是医疗信息化的必然趋势。

9）防入侵系统

RFID通过成千上万个覆盖地面、栅栏和低空探测的传感节点，可以防止入侵者的翻越、偷渡、恐怖袭击等攻击性入侵等。

物联网的典型应用如图1-1-2所示。

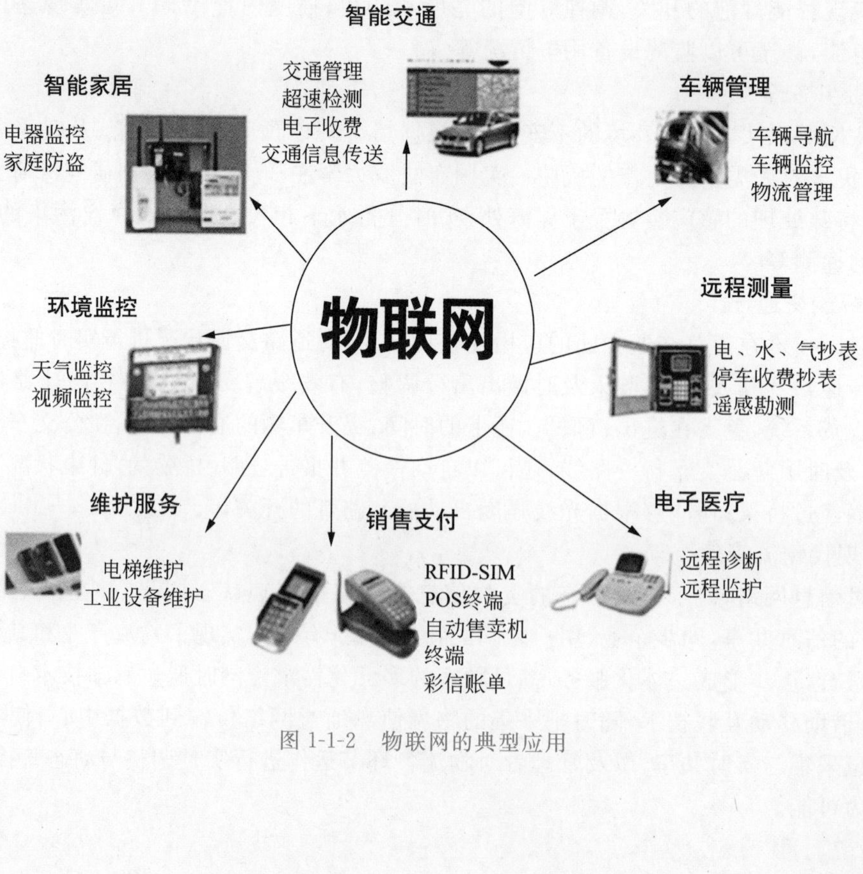

图1-1-2　物联网的典型应用

1.1.2 认识 RFID 系统

随着人类社会步入信息时代,人们所获取和处理的信息量不断增加。传统的信息采集输入是通过人工手段录入的,不仅劳动强度大,而且数据误码率高。那么怎么解决这一问题呢?以计算机和通信技术为基础的自动识别技术可以做到这一点。

视频——自动
识别技术

以通信技术和计算机为基础的自动识别技术可以对目标对象自动识别,并可以在各种环境下工作,使人类及时、准确地处理大量信息。使用自动识别技术,可以对每个物品进行标识和识别,并可以实时更新数据,是构造全球物品信息实时共享的基础,是物联网的重要组成部分。

射频识别是一种自动识别技术。与条码识别技术、磁卡识别技术和IC卡识别技术等相比,射频识别技术以特有的无接触、抗干扰能力强、可同时识别多个物体等优点,成为自动识别领域中最优秀和应用最广泛的技术,是目前最重要的自动识别技术。

1. 自动识别技术

人类社会步入信息时代后,人们获取和处理的信息量在不断增大。传统的信息采集是通过人工手段录入的,不仅工作强度大,而且差错率高。以计算机和通信技术为基础的自动识别技术,可以对目标对象自动辨认,并可以在各种环境下工作,使人类能够及时、准确地处理大量信息。自动识别技术可以对每个物品进行标识和识别,并可以实时更新数据,是构建全球物品信息实时共享的基础,是物联网的重要组成部分。

1)自动识别技术的概念

自动识别技术就是应用一定的识别装置,通过被识别物品和识别装置之间的接近活动,自动获取被识别物品的相关信息,并提供给后台的计算机处理系统进行后续相关处理的一种技术。完整的自动识别计算机管理系统包括自动识别系统(Auto Identification System,AIDS)、应用程序接口(Application Interface,API)、中间件(Middleware)和应用系统软件(Application Software)。

其中,自动识别系统完成系统的采集和存储工作;应用系统软件对自动识别系统所采集的数据进行应用处理;应用程序接口软件则提供自动识别系统和应用系统软件之间的通信接口,包括数据格式,将自动识别系统采集的数据信息转换成应用软件系统可以识别和利用的信息,并进行数据传递。

在以往的信息识别和管理中,多采用单据、凭证、传票为载体,以手工记录、电话沟通、人工计算、邮寄或传真等方法对信息进行采集、记录、处理、传递和反馈,不仅极易出错、信息滞后,也使管理者对物品在流动过程中的各个环节难以统筹协调,不能系统地控制,更无法实现系统优化和实时监控,导致效率低下和人力、运力、资金、场地的大量浪费。自动识别技术是一种高度自动化的信息(数据)采集技术,可对记录了字符、影像、条码、声音、信号等信息的载体进行自动识别,自动获取被标识物品的相关信息,并提供给后台的计算机处理系统,来完成相关的后续处理。

在超市购物结账时,收银员通过扫码枪扫描商品的条码,获取商品的名称、价格,输入数量,后台POS系统即可计算出该批商品的价格;客户用银行卡支付,是在POS机上刷银行卡,从而获得银行账户信息,用于扣取支付金额,从而完成结算。在超市结账的场景里,两次用到了自动识别技术。收银员扫描商品用的是条码识别技术,客户用银行卡支付用的是磁卡识别技术。

自动识别技术融合了物理世界和信息世界,是物联网区别于其他网络(如电信网、互联网)最独特的部分。采用自动识别技术,可以对每个物品进行标识和识别,并可以将数据实时更新,是构造全球物品信息实时共享的重要组成部分,是物联网的基石。自动识别技术将计算机、光、电、通信和网络技术融为一体,与互联网、移动通信等技术相结合,实现了全球范围内物品的跟踪与信息的共享,从而给物体赋予智能,实现人与物体以及物体与物体之间的沟通和对话。通俗地讲,自动识别技术就是能够让物品"开口说话"的一种技术。

自动识别技术具有以下三个特点。

(1) 准确性:自动数据采集,彻底消除人为错误。

(2) 高效性:信息交换实时进行。

(3) 兼容性:自动识别技术以计算机技术为基础,可与信息管理系统无缝衔接。

目前,自动识别技术发展很快,相关技术的产品正向多功能、远距离、小型化、软/硬件并举、信息传递快速、安全可靠、经济适用等方向发展。其应用将继续拓宽,并向纵深方向发展,面向企业信息化管理的深层集成应用是未来应用发展的趋势。随着人们对自动识别技术认识的加深,其应用领域的日益扩大,以及应用层次的逐渐提高,新的自动识别技术标准将不断涌现,标准体系也将日趋完善。

自动识别技术不是稍纵即逝的时髦技术,它可以应用在制造、物流、防伪和安全等多个领域中,可以采用光识别、磁识别、电识别、射频识别等多种识别方式,是集计算机、光、电、通信和网络技术于一体的高技术学科。近几十年来,自动识别技术在全球范围内得到迅猛发展,极大地提高了数据采集和信息处理的速度,改善了人们的工作和生活环境,提高了工作效率,并为管理的科学化和现代化做出了重要贡献。自动识别技术已经成为人们日常生活中的一部分,它所带来的高效率和方便性影响深远。

2) 自动识别技术的分类

自动识别技术的分类方法很多,可以按照国际自动识别技术的分类标准进行分类,也可以按照其应用领域和具体特征的分类标准进行分类。

按照国际自动识别技术的分类标准,自动识别技术可以分为数据采集技术和特征提取技术两大类。数据采集技术分为光识别技术、磁识别技术、电识别技术和无线识别技术等;特征提取技术分为静态特征识别技术、动态特征识别技术和属性特征识别技术等。

根据应用领域和具体特征的分类标准,自动识别技术可分为条码识别技术、生物识别技术、图像识别技术、磁卡识别技术、IC卡识别技术、光学字符识别技术和射频识别技术等。这几种典型的自动识别技术分别采用了不同的数据采集技术。其中,对条码使用光识别技术,对磁卡使用磁识别技术,对IC卡使用电识别技术,对射频标签使用无线识别技术。

2. 条码识别技术

条码是由一组线条、空白条和数字符号组成,按一定编码规则排列,用以表示一定字符、数字及符号的标签信息载体。

条码技术最早诞生于西屋公司实验室,发明家约翰·科芒德想对邮政单据实现自动分检,他的想法是在信封上做条码标记,条码中的信息是收信人的地址,如同今天的邮政编码。

由此,约翰·科芒德发明了最早的条码标识。最早的条码标识设计方案非常简单,即一个"条"表示数字"1",两个"条"表示数字"2",以此类推。然后,约翰·科芒德又发明了由扫描器和译码器构成的识读设备,扫描器利用当时新发明的光电池收集反射光,"空"反射回来的是强信号,"条"反射回来的是弱信号,可以通过这种方法直接分拣信件。

条码是利用红外光或可见光进行识别的。由扫描器发出的红外光或可见光照射条码,条码中深色的"条痕"吸收光,浅色的"空白"将光反射回扫描器,扫描器将光反射信号转换成电子脉冲,再由译码器将电子脉冲转换成数据,最后传至后台,完成对条码的识别。

目前,条码的种类很多,大体上可以分为一维条码和二维条码两种。一维条码和二维条码都有许多码制。对于不同的条码,条、空图案对数据不同的编码方法,构成了不同形式的码制。不同码制有各自不同的特点,可以用于一种或若干种应用场合。

1) 一维条码

一维条码有许多种码制,包括 Code25 码、Code128 码、EAN-13 码、EAN-8 码、ITF25 码、库德巴码、Matrix 码和 UPC-A 码等。图 1-1-3 所示为几种常用的一维条码样图。

(a) EAN-13码

(b) EAN-8码

(c) UPC-A码

图 1-1-3　几种常用的一维条码样图

不论哪种码制,一维条码都是由以下几部分构成的。

(1) 左右空白区:作为扫描器的识读准备。

(2) 起始符:扫描器开始识读。

(3) 数据区:承载数据的部分。

(4) 校检符(位):用于判别识读的信息是否正确。

(5) 终止符:条码扫描的结束标志。

(6) 供人识读字符:机器不能扫描时,手工输入用的编码。

(7) 有些条码还有中间分隔符,如 EAN-13 条码和 UPC-A 条码等。

目前最流行的一维条码是 EAN-13 条码。EAN(European Article Number)是欧洲物品编码的缩写。EAN-13 条码的代码由 13 位数字组成,其中,前 3 位数字为前缀码,目前国际物品编码协会分配给我国并已经启用的前缀码为 690~692。当前缀码为 690 或 691 时,第 4~7 位数字为厂商代码,第 8~12 位数字为商品项目代码,第 13 位数字为校验码;当前缀码为 692 时,第 4~8 位数字为厂商代码,第 9~12 位数字为商品项目代码,第 13 位数字为校验码。EAN-13 条码的构成如图 1-1-4 所示。

2) 二维条码

二维条码技术是在一维条码无法满足实际应用需求的前提下产生的。由于受信息容量的限制,一维条码通常只能实现对物品的标识,而不能实现对物品的描述。二维条码可在横向和纵向两个方位同时表达信息,因此能在很小的面积内表达大量信息。二维条码技术自20 世纪 70 年代初问世以来,发展十分迅速,目前已广泛应用于商业流通、仓储、医疗卫生、图书情报、邮政、铁路、交通运输和生产自动化管理等领域。

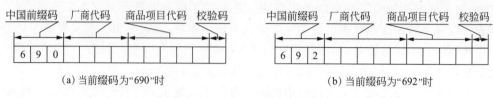

图 1-1-4   EAN-13 条码的构成

二维条码是用某种特定的几何图形，按一定规律在平面（二维空间）上分布的黑白相间的图形。二维条码在代码编制上巧妙地利用计算机逻辑基础的"0""1"比特的概念，使用若干与二进制相对应的几何图形来表示数值信息，通过图像输入设备或光电扫描设备自动识读，以实现信息自动处理。目前有几十种二维条码，常用的码制有 Data Matrix 码、QR Code 码、Maxicode 码、PDF417 码、Code49 码、Code16K 码和 Codeone 码等。图 1-1-5 所示为几种常用的二维条码样图。

(a) Data Matrix码   (b) QR Code码   (c) Maxicode码

图 1-1-5   几种常用的二维条码样图

3. 磁卡识别技术

磁卡最早出现在 20 世纪 60 年代。当时伦敦交通局将地铁票背面全涂上磁介质，制成用于储值的磁卡。后来，由于改进了系统，缩小了面积，磁介质成为现在的磁条。磁条通过粘合或热合与塑料或纸牢固地整合在一起，形成磁卡。

从本质意义上讲，磁卡与计算机用的磁带或磁盘是一样的，可以用来记载字母、字符及数字信息。磁卡是一种磁介质记录卡片，通过粘合或热合，与塑料或纸牢固地整合在一起，能防潮、耐磨，且有一定的柔韧性，携带方便，较为稳定可靠。

磁卡记录信息的方法是变化磁极。在磁性变化的地方具有相反的极性（如 S-N 或 N-S），识读器材能够在磁条内探测到这种磁性变化。使用解码器，可以将磁性变化转换成字母或数字的形式，以便由计算机来处理。

磁卡的优点是数据可读写，即具有现场改变数据的能力，这个优点使得磁卡的应用领域十分广泛，如信用卡、银行 ATM 卡、会员卡、现金卡（如电话磁卡）和机票等。

磁卡的缺点是数据存储的时间长短受磁性粒子极性耐久性的限制。另外，磁卡存储数据的安全性一般较低，如果不小心将磁卡接触磁性物质，就可能造成数据的丢失或混乱。

随着新技术的发展，安全性能较差的磁卡有逐步被取代的趋势。但是，在现有条件下，社会上仍然存在大量的磁卡设备，再加上磁卡技术比较成熟且成本较低，所以短期内该技术仍然会继续应用在许多领域中。图 1-1-6 所示为两种银行卡，可以通过芯片或磁条读写数据。

图 1-1-6 两种银行卡

4. IC卡识别技术

IC(Integrated Circuit)卡是一种电子式数据自动识别卡,IC 卡分接触式 IC 卡和非接触式 IC 卡两种,这里介绍的是接触式 IC 卡。

接触式 IC 卡是集成电路卡,通过卡里的集成电路来存储信息,它将一个微电子芯片嵌入卡基中做成卡片的形式,通过卡片表面的 8 个金属触点与读卡器进行物理连接来完成通信和数据交换。IC 卡使用了微电子技术和计算机技术,作为一种成熟的高技术产品,是继磁卡之后出现的又一种新型的信息工具。

IC 卡的外形与磁卡相似,区别在于数据存储的媒体不同。磁卡是通过卡上磁条的磁场变化来存储信息,而 IC 卡是通过嵌入卡中的电擦除式可编程只读存储器(EEPROM)来存储数据信息。IC 卡与磁卡相比,具有存储容量大、安全保密性好、有数据处理能力、使用寿命长等优点。

依据是否带有微处理器,IC 卡可分为存储卡和智能卡两种。存储卡仅包含存储芯片,而无微处理器,一般的电话 IC 卡即属于此类。将带有内存和微处理器芯片的大规模集成电路嵌入塑料基片中,就制成了智能卡,它具有数据读写和处理功能,因而具有安全性高、可以离线操作等优点,银行的 IC 卡通常是指智能卡。图 1-1-7 所示为一种 IC 卡。

图 1-1-7 一种 IC 卡

5. 射频识别技术

射频识别技术是通过无线电波进行数据传递的自动识别技术。与条码识别技术、磁卡识别技术和 IC 卡识别技术等相比,它以特有的无接触、可同时识别多个物品等优点,逐渐成为自动识别领域中应用广泛的自动识别技术。

 习   题

一、选择题

1. RFID 技术属于物联网结构中的(   )。

　　A. 感知层　　　　　　B. 网络层　　　　　　C. 平台层　　　　　　D. 应用层

2. RFID 技术的读取方式是(   )。

　　A. 无线通信　　　　　　　　　　　　B. 电磁转换

　　C. 电擦除写入　　　　　　　　　　　D. CCD 或光束扫描

3. (   )技术催生了 RFID 技术,奠定了理论基础。

　　A. 计算机　　　　　B. 微电子　　　　　C. 网络　　　　　D. 雷达

二、判断题

1. RFID 是一种接触式的自动识别技术,它通过射频信号自动识别目标对象并获取相关数据。　　　　　　　　　　　　　　　　　　　　　　　　　　　　(   )

2. 传感器网是由各种传感器和传感器节点组成的网络。　　　　　　　(   )

三、简答题

与其他自动识别技术相比,RFID 技术有哪些显著的优点?

任务思考

任务 1.2　了解 RFID 的标准与规范

【学习目标】
(1) 掌握 RFID 技术标准分类;
(2) 掌握 ISO/IEC 通用标准结构;
(3) 了解 EPCglobal 标准发展历史;
(4) 了解 UID 标准发展历史;
(5) 了解 NFCforum 标准发展历史;
(6) 掌握中国 RFID 相关标准发展历史。

视频——RFID
相关技术标准
总览

【知识点】
(1) RFID 行业主流的几大标准体系;
(2) ISO/IEC 国际标准对应的空中接口、数据结构、测试性能、应用四个方面的相关技术标准;
(3) EPCglobal 标准和 ISO/IEC 标准之间的关系;
(4) Ubiquitous ID 标准与 EPCglobal 标准的区别;
(5) GB/T 中国标准。

1.2.1　RFID 技术标准

随着 RFID 产业在全球各地开花,为了让不同企业生产的产品能够相互兼容,促进 RFID 技术的普及和使用,优化技术,减少各国产品的贸易壁垒,实现 RFID 产业贸易自由,通过建立标准体系,以促进 RFID 产业标准化,成为全球瞩目的一个目标。目前,RFID 已经有了 GS1、ISO/IEC 等国际知名的标准化体系,但我国的物联网标准体系尚处于起步阶段,仅有少量的基础标准面世。

RFID 标准涉及的内容包括以下几部分。

RFID 技术标准:主要定义不同频段的空中接口及相关参数,包括基本术语、物理参数、通信协议和相关设备等。

RFID 数据内容标准:设计数据协议、数据编码规则及语法,主要包括编码格式、语法标准、数据对象、数据结构和数据安全等。

RFID 性能标准:涉及设备性能测试标准和一致性测试标准,主要包括设计工艺、测试规范和试验流程。

RFID 应用标准:用于设计特定应用环境 RFID 的构架规则。

时至今日,在全球建立起具有一定影响力的 RFID 标准体系的六大组织分别是 ISO/IEC、EPCglobal、UID、AIM、IP-X、NFCForum。目前,ISO/IEC 18000、EPCglobal、UID 三个空中接口协议仍在完善中。这三个标准相互之间并不兼容,主要差别在于通信方式、防冲突协议和数据格式三个方面,而技术上的差距并不大。其中,ISO/IEC 的 RFID 标准大量涵盖了 EPC 与 UID 两种体系的标准。

1.2.2 ISO/IEC 标准

ISO/IEC 是信息技术领域最重要的标准化组织之一。ISO/IEC 认为 RFID 是自动身份识别和数据采集方面很好的一种手段,制定 RFID 标准时,不仅要考虑物流供应链领域的单品标识,还要考虑电子票证、物品防伪、动物管理、食品与医药管理、固定资产管理等应用领域。基于这种认识,ISO/IEC 联合技术委员会 JTC 委托 SC31 子委员会负责 RFID 所有通用技术标准的制定工作,对 RFID 所有应用领域的共同属性进行规范化,委托各专业委员会负责应用技术标准的制定工作,如 ISO TC104 SC4 负责制定集装箱系列 RFID 标准的制定,ISO TC 23 SC19 负责制定动物管理系列 RFID 标准,ISO TC122 和 ISO TC104 组成的联合工作组制定物流与供应链系列应用标准。所有标准的制定工作,可以由技术委员会委托专家起草标准草案,也可以由企业或者专家直接提交标准草案,然后按照 ISO 标准化组织制定标准的程序进行审核、修改直至最后批准执行。

1. 通用 RFID 技术标准

ISO/IEC 的通用技术标准可以分为数据采集和信息共享两大类,数据采集类技术标准涉及标签、读写器、应用程序等,可以理解为本地单个读写器构成的简单系统,也可以理解为大系统中的一部分,其层次关系如图 1-2-1 所示。而信息共享类就是 RFID 应用系统之间实现信息共享所必需的技术标准,如软件体系架构标准等。

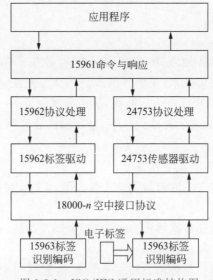

图 1-2-1   ISO/IEC 通用标准结构图

图 1-2-1 左侧是普通 RFID 标准分层框图,右侧是辅助电源和传感器功能的 RFID 标准分层框图。它清晰地显示了各标准之间的层次关系,自下而上先是 RFID 标签标识编码标准 ISO/IEC 15963,然后是空中接口协议 ISO/IEC 18000 系列、ISO/IEC 15962 和 ISO/IEC 24753 数据传输协议,最后是 ISO/IEC 15961 应用程序接口。

1) 数据内容标准

数据内容标准主要规定了数据在标签、读写器到主机(也即中间件或应用程序)各个环节的表示形式。由于标签能力(存储能力、通信能力)的限制,各个环节的数据表示形式必须充分考虑各自的特点,采取不同的表现形式。另外,主机对标签的访问可以独立于读写器和空中接口协议,也就是说,读写器和空中接口协议对应用程序来说是透明的。RFID 数据协议的应用接口基于 ASN.1 编码规则,提供了一套独立于应用程序、操作系统和编程语言,也独立于标签读写器与标签驱动之间的命令结构。

ISO/IEC 15961 规定了读写器与应用程序之间的接口,侧重于应用命令与数据协议加工器交换数据的标准方式,这样应用程序可以完成对电子标签数据的读取、写入、修改、删除等操作功能,同时该协议定义了错误响应消息。

ISO/IEC 15962 规定了数据的编码、压缩、逻辑内存映射格式,以及如何将电子标签中的数据转化为应用程序有意义的方式。该协议提供了一套数据压缩的机制,能够充分利用电子标签中有限数据的存储空间以及空中通信能力。

ISO/IEC 24753 扩展了 ISO/IEC 15962 数据处理能力,适用于具有辅助电源和传感器功能的电子标签。增加传感器以后,电子标签中存储的数据量以及对传感器的管理任务大大增加。ISO/IEC 24753 还规定了电池状态监视、传感器设置与复位、传感器处理等功能。图 1-2-1 表明 ISO/IEC 24753 与 ISO/IEC 15962 一起规范了带辅助电源和传感器功能电子标签的数据处理与命令交互。它们的作用是使 ISO/IEC 15961 独立于电子标签和空中接口协议。

ISO/IEC 15963 规定了电子标签唯一标识的编码标准,该标准兼容 ISO/IEC 7816-6、ISO/TS 14816、EAN. UCC 标准编码体系、INCITS 256,并保留对未来扩展的功能。

2) 空中接口通信协议

空中接口通信协议规范了读写器与电子标签之间的信息交互,目的是保证不同厂家设备之间的互联互通性。ISO/IEC 制定五种频段的空中接口协议,主要由于不同频段的 RFID 标签在识读速度、识读距离、适用环境等方面存在较大差异,单一频段的标准不能满足各种应用的需求。这种思想充分体现了标准统一的相对性,一个标准是对相当广泛的应用系统的共同需求,但不是所有应用系统的需求,一组标准可以满足更大范围的应用需求。

ISO/IEC 18000-1:它规范了空中接口通信协议中共同遵守的读写器与标签的通信参数表、知识产权基本规则等内容。这样每个频段对应的标准不需要对相同内容进行重复规定。

ISO/IEC 18000-2:适用于中频 125kHz~134kHz,规定了在标签和读写器之间通信的物理接口,读写器应具有与 Type A(FDX) 和 Type B(HDX)标签通信的能力;同时规定了协议和指令以及多标签通信的防碰撞方法。

ISO/IEC 18000-3:适用于高频段 13.56MHz,规定了读写器与标签之间的物理接口、协议和命令以及防碰撞方法。

ISO/IEC 18000-4:适用于微波段 2.45GHz,规定了读写器与标签之间的物理接口、协议和命令以及防碰撞方法。该标准包括两种模式,模式 1 是无源标签,工作方式是读写器先讲;模式 2 是有源标签,工作方式是标签先讲。

ISO/IEC 18000-6:适用于超高频段 860MHz~960MHz,规定了读写器与标签之间的物理接口、协议和命令以及防碰撞方法。

ISO/IEC 18000-7 适用于超高频段 433.92MHz,属于有源电子标签,规定了读写器与标签之间的物理接口、协议和命令以及防碰撞方法。

3）测试标准

测试是所有信息技术类标准中非常重要的部分，ISO/IEC RFID 标准体系中包括设备性能测试方法和一致性测试方法。

ISO/IEC 18046 射频识别设备性能测试方法的主要内容有标签性能参数及其检测方法，包括标签检测参数、检测速度、标签形状、标签检测方向、单个标签检测及多个标签检测方法等；读写器性能参数及其检测方法，包括读写器检测参数、识读范围、识读速率、读数据速率、写数据速率等检测方法；并在附件中规定了测试条件，全电波暗室、半电波暗室以及开阔场地三种测试场。该标准定义的测试方法形成了性能评估的基本架构，可以根据 RFID 系统的应用要求扩展测试内容。应用标准或者应用系统测试规范可以引用 ISO/IEC 18046 性能测试方法，并在此基础上根据应用标准和应用系统具体要求进行扩展。

ISO/IEC 18047 对确定射频识别设备（标签和读写器）一致性的方法进行定义，也称为空中接口通信测试方法。测试方法只要求那些被实现和被检测的命令功能以及任何功能选项。它与 ISO/IEC 18000 系列标准相对应。一致性测试是确保系统各部分之间的相互作用达到的技术要求，即系统的一致性要求。只有符合一致性要求，才能实现不同厂家生产的设备在同一个 RFID 网络内能够互连、互通、互操作。

4）实时定位系统

实时定位系统可以改善供应链的透明性，涉及船队管理、物流和船队安全等。RFID 标签可以解决短距离尤其是室内物体的定位，可以弥补 GPS 等定位系统只能适用于室外大范围的不足。GPS 定位、手机定位以及 RFID 短距离定位手段与无线通信手段可以一起实现物品位置的全程跟踪与监视。目前制定了如下标准。

ISO/IEC 24730-1 应用编程接口 API，它规范了 RTLS 服务功能以及访问方法，目的是使应用程序可以方便地访问 RTLS 系统，它独立于 RTLS 的低层空中接口协议。

ISO/IEC 24730-2 适用于 2450MHz 的 RTLS 空中接口协议，它规范了一个网络定位系统，该系统利用 RTLS 发射机发射无线电信标，接收机根据收到的几个信标信号解算位置。发射机的许多参数可以实现远程实时配置。

ISO/IEC 24730-3 适用于 433MHz 的 RTLS 空中接口协议。

5）软件系统基本架构

ISO/IEC 24791 规定了 RFID 应用系统框架，并规范了数据安全和多种接口，便于 RFID 系统之间的信息共享，使得应用程序不再关心多种设备和不同类型设备之间的差异，便于应用程序的设计和开发，能够支持设备的分布式协调控制和集中管理等功能，优化密集读写器组网的性能。该标准的主要目的是解决读写器之间以及应用程序之间共享数据信息，随着 RFID 技术的广泛应用，RFID 数据信息的共享越来越重要。

ISO/IEC 24791 标准各部分之间的关系如图 1-2-2 所示，具体内容如下。

ISO/IEC 24791-1 体系架构给出软件体系的总体框架和各部分标准的基本定位。它将体系架构分成三大类：数据平面、控制平面和管理平面。数据平面侧重于数据的传输与处理，控制平面侧重于运行过程中对读写器中空中接口协议参数的配置，管理平面侧重于运行状态的监视和设备管理。三个平面的划分可以使软件架构体系的描述得以简化，每个平面包含的功能将减少，在复杂协议的描述中经常采用这种方法。每个平面包含数据管理、设备管理、应用接口、设备接口和数据安全五个方面的部分内容。

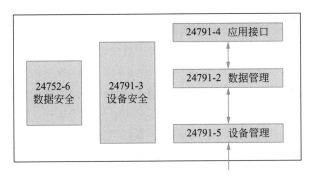

图 1-2-2　ISO/IEC 24791 标准框图

ISO/IEC 24791-2 数据管理的主要功能包括读、写、采集、过滤、分组、事件通告、事件订阅等,支持 ISO/IEC 15962 提供的接口,也支持其他标准的标签数据格式。该标准位于数据平面。

ISO/IEC 24791-3 设备管理支持设备的运行参数设置、读写器运行性能监视和故障诊断。设置包括初始化运行参数、动态改变的运行参数以及软件升级等。性能监视包括历史运行数据收集和统计等功能。故障诊断包括故障的检测和诊断等功能。

ISO/IEC 24791-4 应用接口位于上层,提供读、写功能的调用格式和交互流程。

ISO/IEC 24791-5 设备接口为客户控制和协调读写器的空中接口协议参数提供通用接口规范,它与空中接口协议相关。

6)执行指南

ISO/IEC 24729 主要包含以下几部分。

ISO/IEC 24729-1:RFID 激活的标签与包装支持。

ISO/IEC 24729-2:再循环和 RFID 标签。

ISO/IEC 24729-3:物流应用中超高频射频识别系统的实施与运行。

ISO/IEC 24729-4:标签数据安全。

2. ISO/IEC RFID 应用技术标准

早在 20 世纪 90 年代,ISO/IEC 已经开始制定集装箱标准 ISO 10374 标准,后来又制定了集装箱电子密封标准 ISO 18185,动物管理标准 ISO 11784/5、ISO 14223 等。随着 RFID 技术的应用越来越广泛,ISO/IEC 认识到需要针对不同应用领域所涉及的共同要求和属性制定通用技术标准,而不应将每个应用技术标准完全独立制定,这就是通用技术标准。

在制定物流与供应链 ISO 17363~17367 系列标准时,可直接引用 ISO/IEC 18000 系列标准。通用技术标准提供的是一个基本框架,而应用标准是对它的补充和具体规定,这样既可以保证不同应用领域的 RFID 技术具有互联、互通、互操作性,又可以兼顾应用领域的特点,能够很好地满足应用领域的具体要求。应用技术标准是在通用技术标准基础上,根据各个行业自身的特点而制定,它主要针对行业应用领域所涉及的共同要求和属性。应用技术标准与用户应用系统不同,应用技术标准是针对一大类应用系统的共同属性,而用户应用系统是针对具体的一个应用。如果用面向对象分析思想来比喻,把通用技术标准看作一个基础类,则应用技术标准就是一个派生类。下面就几个案例进行简单介绍。

1）货运集装箱系列标准

ISO 6346 集装箱——编码、ID 和标识符号,该标准提供了集装箱标识系统。

ISO 10374 集装箱自动识别标准,该标准基于微波应答器的集装箱自动识别系统,是把集装箱当作固定资产来看。应答器为有源设备,工作频率为 850MHz～950MHz 及 2.4GHz～2.5GHz。只要应答器处于此场内,就会被活化,并采用变形的 FSK 副载波通过反向散射调制做出应答。信号在两个副载波频率 40kHz 和 20kHz 之间被调制。

ISO 18185 集装箱电子密封标准,该标准是海关用于监控集装箱装卸状况,包含七个部分,它们分别是空中接口通信协议、应用要求、环境特性、数据保护、传感器、信息交换的消息集、物理层特性要求。

2）物流供应链系列标准

ISO 17358 应用要求,这是供应链 RFID 的应用要求标准,该标准定义了供应链物流单元各个层次的参数,定义了环境标识和数据流程。

ISO 17363～17367 系列标准,供应链 RFID 物流单元系列标准分别规范了货运集装箱、可回收运输单元、运输单元、产品包装、产品标签的 RFID 应用。

3）动物管理系列标准

ISO 11784 编码结构规定了动物射频识别码的 64 位编码结构,动物射频识别码要求读写器与电子标签之间能够互相识别。

ISO 11785 技术准则规定了应答器的数据传输方法和阅读器规范。工作频率为 134.2kHz,数据传输方式有全双工和半双工两种,阅读器数据以差分双相代码表示,电子标签采用 FSK 调制,NRZ 编码。

ISO 14223 高级标签规定了动物射频识别的转发器和高级应答机的空间接口标准,可以让动物数据直接存储在标记上,这表示通过简易、可验证以及廉价的解决方案,就可以在离线状态下直接取得每只动物的数据,进而改善库存追踪以及提升全球的进出口控制能力。

1.2.3　EPCglobal 标准

EPCglobal 由国际物品编码协会 GS1 发起成立,GS1（Globe Standard 1）是由 EAN International 改名而来。EAN 原身是 1977 年成立的欧洲物品编码协会,在 1981 年改成国际物品编码协会,2002 年 UCC（美国统一代码委员会）和 ECCC（加拿大电子商务委员会）正式加入 EAN,2005 年 EAN 改名为 GS1。GS1 是全球公认的负责研发推广条码技术的国际组织,致力于推广全球商务语言 EAN。UCC 系统在中国被称为 ANCC 全球统一标识系统,简称为 ANCC 系统。

EPCglobal 是一个中立且非营利性的 RFID 标准化组织。EPCglobal 由 EAN 和 UCC 两大标准化组织联合成立,它继承了 EAN. UCC 与产业界近 30 年的成功合作传统。EPCglobal 网络是实现自动即时识别和供应链信息共享的网络平台。通过 EPCglobal 网络,可以提高供应链上贸易单元信息的透明度与可视性,以此各机构组织将会更有效地运行。通过整合现有信息系统和技术,EPCglobal 网络将提供对全球供应链上贸易单元即时、准确、自动的识别和跟踪。

ISO/IEC 标准中有关 860MHz～960MHz 频段的标准直接采用了 EPCglobal Gen2 UHF

标准。

EPCglobal Class1 Gen2 标准(简称为 C1G2 或 Gen2),是 EPCglobal 从 2003 年开始研究的第二代超高频 RFID 核心标准。Gen2 规定了由终端用户设定的硬件产品的空中接口性能,是 RFID、Internet 和 EPC 标识组成的 EPCglobal 的网络基础。Gen2 协议标准具有更安全的密码保护机制,它的 32 位密码保护比 Gen1 协议标准的 8 位密码更安全。在管理性能方面,Gen2 的超高频工作频段为 860MHz~960MHz,适合欧洲、北美、亚洲等国家和地区的无线电管理规定,为 RFID 的射频通信适应不同国家与地区的无线电管理创造了全球范围的应用环境条件。

EPC 标准体系的空中接口协议规范了电子标签与读写器之间的命令和数据交互,它与 ISO/IEC 18000-3、18000-6 标准对应。其中,UHFC1G2 已经成为 ISO/IEC 18000-6C 标准。

1.2.4 Ubiquitous ID 标准

UID 全称为泛在识别中心(Ubiquitous ID Center),成立于 2003 年 3 月,是日本 T-Engine Forum 下设的 RFID 研究机构。日本泛在识别中心制定 RFID 相关标准的思路类似于 EPCglobal,目标也是建立起从编码体系、空中接口协议到泛在网络体系结构的完整标准体系,但每个部分的具体内容存在差异。为了制定具有自主知识产权的 RFID 标准,日本 UID 制定了 Ucode 编码体系,既能兼容日本已有的编码体系,也可兼容国际其他的编码体系,由泛在识别码(Ucode)、泛在通信器、信息系统服务器和 Ucode 解析服务器四部分构成,主要采用的频段是 2.45GHz 与 13.56MHz。

UID 的 RFID 标准体系在我国的 RFID 业界应用不广,在全球的影响力也不如 ISO/IEC 和 EPCglobal 的 RFID 标准体系。UID 的标准体系架构见表 1-2-1。

表 1-2-1 UID 标准体系架构表

UID 标准体系的组成	UID 标准体系架构
泛在识别码	Ucode 是识别对象必需的要素,ID 是识别对象身份的基础。它是以泛在技术多样化的网络模式为前提的,能够对应互联网、电话网、ISO 14443 非接触近距离通信、USB 等多种通信回路,还具有位置概念等特征
泛在通信器	主要用于将读取到的 Ucode 信息传输到 Ucode 解析服务器,并从信息系统服务器获取有关信息
信息系统服务器	存储并提供与 Ucode 相关的各种信息。出于安全考虑,具有只允许数据移动而无法复制等特点
Ucode 解析服务器	Ucode 解析服务器是以 Ucode 为主要线索,对提供泛在识别相关信息服务的系统地址进行检索的、分散型轻量级目录服务系统

1.2.5 NFCForum

2004 年,NFCForum 由包括惠普、万事达卡、微软、NEC、诺基亚、恩智浦、松下、三星、索尼等在内的主要移动通信、半导体、消费类电子产品公司发起成立,是一个非营利性行业协会。NFCForum 正式定义了 NFC 的技术架构,迄今为止,已经发布了 26 种规范。

NFCForum 的宗旨是通过开发基于标准的规范,确保各个设备和各项服务之间的互操作性,鼓励使用 NFCForum 的规范来开发产品,并面向全球市场推广 NFC 技术,从而推动近距离无线通信技术的普及。

1.2.6　RFID 中国标准

我国物联网与 RFID 标准体系虽然尚处于起步阶段,但在 RFID 技术与应用的标准化研究工作上有一定的基础,目前已从多个方面开展了相关标准的研究制定工作,制定了《集成电路卡模块技术规范》《建设事业 IC 卡应用技术》等应用标准,并得到了广泛的应用。

此外,我国 RFID 标准体系框架的研究工作也已基本完成。2007 年 4 月底,原信息产业部发布了《关于发布 800/900MHz 频段射频识别(RFID)技术应用试行规定的通知》,根据信产部《800/900MHz 频段射频识别(RFID)技术应用规定(试行)》的规定,中国 800/900MHz RFID 技术的试用频率为 840MHz～845MHz 和 920MHz～925MHz,发射功率为 2W。

近年来,我国已初步开展了 RFID 相关技术的研发及产业化工作,并开始应用在部分领域。

与全球另外几个标准体系相比,我国的 RFID 标准体系建立较慢,目前仍处于探索阶段。虽然我国在 RFID 领域的标准已经多维度地开展相关标准的研制工作,但数据编码与 UHF 空中接口规范仍未有统一标准,这对于促进我国 RFID 产业标准化、扩大 RFID 及相关产业规模造成一定阻碍。

我国虽然不存在类似 EPC、ISO 标准开放与企业专利协调问题,但由于 RFID 技术和产业发展相对滞后,应用规模较小,同时存在使用频率有部分冲突、意见难以统一等技术管理问题,使得我国物联网标准的转化与制定工作比较缓慢。我国 RFID 标准发展历程见表 1-2-2。

表 1-2-2　我国 RFID 标准发展历程表

时　间	发展历程	详　情
2002 年	组建成立全国信息技术标准化技术委员会自动识别与数据采集技术分技术委员会,其秘书处设在中国物品编码中心	以条码、一致性测试、射频识别三个工作组对应国际的五个工作组,开展了与 ISO/IEC JTC1/SC31 对口的标准化研究工作,负责全国自动识别和数据采集技术及应用的标准化工作
2007 年	原信息产业部出台"关于发布 800/900MHz 频段射频识别(RFID)技术应用试行规定的通知",划定 840MHz～845MHz 和 920MHz～925MHz 为 800/900MHz 频段 RFID 的具体使用频率	该试行规定的发布,为 RFID 在移动商务、移动支付等领域的应用排除了技术应用障碍,使中国 RFID 行业的制造商和供应商可以有针对性地提供相应的产品和服务,对推进产业发展、技术进步和国家信息化发展具有重要意义,也将对全球 RFID 市场以及供应链、零售业、主要产品市场产生巨大影响
2010 年	成立物联网标准联合工作组	由工业和信息化部电子标签(RFID)标准工作组、全国信息技术标准化技术委员会传感器网络标准工作组、工业和信息化部信息资源共享协同服务(闪联)标准工作组、全国工业过程测量和控制标准化技术委员会等产、学、研、用户各界共同发起成立

在已正式发布的国家标准中,很少涉及核心技术,具有自主知识产权的 RFID 相关标准较少。已发布的标准均集中在应用层面,相关标准如下。

- GB/T 33848.1—2017 信息技术 射频识别 第 1 部分:参考结构和标准化参数定义;
- GB/T 33459—2016 商贸托盘射频识别标签应用规范;
- GB/T 32829—2016 装备检维修过程射频识别技术应用规范;
- GB/T 32830.1—2016 装备制造业 制造过程射频识别 第 1 部分:电子标签技术要求及应用规范;
- GB/T 32830.2—2016 装备制造业 制造过程射频识别 第 2 部分:读写器技术要求及应用规范;
- GB/T 32830.3—2016 装备制造业 制造过程射频识别 第 3 部分:系统应用接口规范;
- GB/T 29797—2013 13.56MHz 射频识别读/写设备规范;
- GB/T 29768—2013 信息技术 射频识别 800/900MHz 空中接口协议;
- GB/T 29266—2012 射频识别 13.56MHz 标签基本电特性;
- GB/T 29261.3—2012 信息技术 自动识别和数据采集技术 词汇 第 3 部分:射频识别;
- GB/T 29272—2012 信息技术 射频识别设备性能测试方法 系统性能测试方法;
- GB/T 28925—2012 信息技术 射频识别 2.45GHz 空中接口协议;
- GB/T 28926—2012 信息技术 射频识别 2.45GHz 空中接口符合性测试方法;
- GB/T 22334—2008 动物射频识别 技术准则;
- GB/T 20563—2006 动物射频识别 代码结构;
- GB/T 34996—2017 800/900MHz 射频识别读/写设备规范;
- GB/T 35102—2017 信息技术 射频识别 800/900MHz 空中接口符合性测试方法;
- GB/T 34594—2017 射频识别在供应链中的应用 集装箱;
- GB/T 33848.3—2017 信息技术 射频识别 第 3 部分:13.56MHz 的空中接口通信参数。

习　　题

一、选择题

以下关于 EPC 码特点的描述中,错误的是(　　　　)。

A. EPC 码由四个字符字段组成:版本号、域名管理、对象分类与序列号

B. 版本号表示产品编码所采用的 EPC 版本,从版本号可以知道编码的长度

C. 域名管理标识生产厂商,对象分类标识产品类型

D. 序列号标识每一类产品

二、判断题

EPC 是电子产品代码。　　　　　　　　　　　　　　　　　　　　　　　(　　　)

三、简答题

大家手机中应用的 NFC 技术和 UWB 技术是 RFID 技术吗? 哪些标准与该技术相关呢?

任务思考

专题 2 RFID门禁系统

任务 2.1 认识电子标签

【学习目标】

(1) 了解电子标签的分类；

(2) 了解电子标签的组成；

(3) 了解电子标签的基本工作原理；

(4) 了解电子标签的应用；

(5) 了解电子标签的历史与发展趋势。

视频——电子标签

【知识点】

(1) 电子标签的分类；

(2) 电子标签的组成；

(3) 电子标签的基本工作原理；

(4) 电子标签的应用；

(5) 电子标签的历史与发展趋势。

电子标签是 RFID 系统中存储可识别数据的电子装置,通常安装在被识别对象的表面,存储被识别对象的相关信息。存储在电子标签中的信息可以由阅读器以无线电波的形式非接触地自动采集到系统中,进而进行信息的相关处理。

电子标签便于大规模生产,且维护成本低。电子标签具有多种不同的设计、形状、大小和工作频率,这些取决于标签所附着物体的物理属性和特定的应用场合。由于电子标签具有防水、防磁、耐高温、使用寿命长、读取距离大、标签上的数据可以加密、存储数据容量大、存储信息可更改等优点,因此其在商品流通、物流管理和众多与百姓生活密切相关的领域得到广泛的应用。

但是,要想让电子标签得到更广泛的应用,还需要解决几个方面的问题。首先,电子标签使用起来必须更加方便;其次,电子标签和读写器的成本必须降低;最后,要大力推动技术的发展,以便处理由标签生成的海量信息。射频识别技术要想在对信息有保密要求的领域展开应用,还面临着信息安全方面的问题,射频识别系统的验证机制也存在严重的安全缺陷。

2.1.1　电子标签的基本组成及功能

电子标签是 RFID 系统真正的数据载体,每个标签具有唯一的电子编码,附着在目标对象上。电子标签一般由耦合元件(天线)及芯片组成,如图 2-1-1 所示。天线是电子标签发射和接收无线电信号的装置,在图 2-1-1 中,以简单的电偶极子天线和磁偶极子天线表示。通常,在频率较低时,采用的是磁偶极子天线,天线只在近区场(感应场)工作。芯片是电子标签的核心部分,由微处理器、存储器、整流电路(AC/DC)及编解码电路等部分组成,它的作用包括获取和存取标签信息,处理标签接收信号和标签发射信号。天线通过芯片上的两个触点与芯片相连。天线的设计是在已知芯片两触点输出阻抗的情况下,获得与芯片的最佳匹配,从而获得读写器与标签之间的最大识别距离。

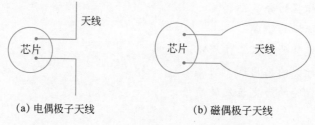

(a) 电偶极子天线　　　　　　　　(b) 磁偶极子天线

图 2-1-1　RFID 中电子标签的结构示意图

RFID 标签有三个最基本的功能:第一,能以某种方式贴附到一个物品上;第二,具有一定的存储容量,可以存储被识别物品的相关信息;第三,能通过某种频率以一定方式实现信息通信,即能由读写器识读其中的内容。

除此之外,不同的标签还可能提供以下功能。

(1)写一次:有的标签是制造时在工厂永久性写入数据,但"写一次"标签可以由最终用户写一次数据,此后就不能改变数据了。

(2)写多次:有的标签能够多次写入新的数据,覆盖以前的数据。

(3)灭活/废止:这两个词的意思相同,是指有的标签能接收读写器的"灭活"命令,然后永久性停止自己的功能,再也不响应读写器。

(4)防冲突:当多个标签处于一个读写器范围内时,读写器可能难以区分多个标签的响应,而防冲突标签能通过等待机制轮流响应读写器。

(5)安全和加密:有的标签能进行加密通信,而有的标签需要得到口令才能提供数据。

(6)对标准的兼容性:一个标签可能遵从一个或多个标准,如果支持多个标准,就能适用于不同的读写器。

2.1.2　电子标签的分类

电子标签的分类是 RFID 系统分类的基础,根据不同的应用需求,电子标签有很多种不同的表现形式。

1. 根据封装形式的不同分类

根据封装形式的不同,标签可分为信用卡标签、线形标签、纸状标签、玻璃管标签、圆形标签和特殊用途的异型标签等。

2. 根据标签供电形式的不同分类

根据标签供电形式的不同,可将其分为有源标签和无源标签。有源标签使用标签内电池的能量,识别距离较长,可达几十米甚至上百米。但由于有电池,标签的寿命有限,成本也比较高,并且标签的体积比较大,无法制成薄卡(如信用卡标签)。无源标签不含电池,它利用耦合的读写器发射的电磁能量作为自己的能量,其质量轻,体积小,寿命长,价格低廉,可以制成各种各样的薄卡或挂扣卡。但它的发射距离较短,一般为几十厘米到几十米,并且需要比较大的读写器发射功率。

3. 根据标签的数据调制方式的不同分类

根据标签的数据调制方式的不同,可将其分为主动式、被动式和半主动式。一般来讲,无源系统为被动式,有源系统为主动式或半主动式。主动式射频系统用自身的射频能量主动将数据发送给读写器,调制方式可为调幅、调频或调相。被动式射频系统使用调制散射的方式发射数据,它必须利用读写器的载波来调制自己的信号,在门禁或交通的应用中比较适宜,因为读写器可以确保只激活一定范围内的射频系统。在有障碍物的情况下,采用调制散射方式发射数据时,读写器的能量必须保证足以来去穿过障碍物两次。而主动方式的射频标签发射的信号仅穿过障碍物一次,因此以主动方式工作的射频标签主要用于有障碍物的射频识别中,数据传输的距离更远。

在实际应用中,必须给标签提供能量才能工作。主动式标签内部自带电池进行供电,它的电能充足,工作可靠性高,信号传送距离远。主动式标签的缺点是标签的使用寿命较短,而且随着标签内部电力的消耗,数据传输的距离会越来越短,从而影响系统的正常工作。也就是说,主动式标签的工作性能相对于某个时间段是稳定的。

被动式标签内部不带电池,要靠外界提供能量才能正常工作。被动式标签产生电能的典型装置是天线和线圈。当标签进入系统的工作区域时,天线接收到特定的电磁波,线圈就会产生感应电流,在经过整流电路(AC/DC)时,激活电路上的微型开关给标签供电。被动式标签具有长久的使用期,常用在标签信息需要每天读写或频繁读写的地方,而且被动式标签支持长时间的数据传输和永久性的数据存储。被动式标签的缺点是数据传输距离比主动式标签短,因为被动式标签依靠外部的电磁感应供电,比较缺乏电能,数据传输的距离和信号的强度就受到了限制,需要敏感性比较高的信号读写器才能识别。

半主动式标签系统也称为电池支援式反向散射调制系统。半主动式标签本身也带有电池,但只对标签内部数字电路供电,标签并不通过自身的能量主动发送数据,只有被读写器的能量"激活"后,才能通过反向散射调制方式传输自身的数据。

主动式标签和被动式标签的比较见表 2-1-1。

4. 根据工作频率的不同分类

根据标签工作频率的不同,可将其分为低频标签、中高频标签、微波射频标签。

1) 低频标签

低频段射频标签简称为低频标签,其工作频率范围为 $30\mathrm{kHz} \sim 300\mathrm{kHz}$。低频标签典型的工作频率有两种:$125\mathrm{kHz}$ 和 $133\mathrm{kHz}$。低频标签一般为无源标签,其工作能量通过电感耦合方式从读写器耦合线圈的辐射近场中获得。低频标签与读写器之间传送数据时,需位于读写器天线辐射的近区场内。低频标签的阅读距离一般情况下小于 1m。

表 2-1-1　主动式标签和被动式标签的比较

项　目	主动式标签	被动式标签
能量来源	电池供电、可持续	外在电磁感应提供
工作距离	可达 100m	可达 3~5m,一般为 20~40cm
存储容量	16kB 以上	通常小于 128bit
信号强度要求	低	高
价格	高	低
工作年限	2~4 年	更长

低频标签主要用在短距离、低成本的应用中。低频标签的典型应用有动物识别、容器识别、工具识别及电子闭锁防盗(带有内置电子标签的汽车钥匙)等。与低频标签相关的国际标准有 ISO 11784/11785(用于动物识别)和 ISO 18000-2(125kHz~135kHz)。

低频标签有多种外观形式,应用于动物识别的低频标签外观有项圈式、耳牌式、注射式和药丸式等,典型应用的动物有牛和信鸽等。

低频标签的优势主要体现在以下几点:标签芯片一般采用普通的 CMOS 工艺,具有省电、廉价的特点,工作频率不受无线电频率管制约束,可以穿透水、有机组织、木材等,非常适合近距离、低速度、数据量要求较少的识别应用(如动物识别等)。

低频标签的劣势主要体现在标签存储数据量较少;只能适合低速、近距离的识别应用;与高频标签相比,标签天线匝数更多,成本更高一些。

2) 中高频标签

中高频段射频标签简称为中高频标签,其工作频率一般为 3MHz~30MHz,典型工作频率为 13.56MHz。该频段的射频标签从射频识别应用角度来说,其工作原理与低频标签完全相同,即采用电感耦合方式工作。根据无线电频率的一般划分,其工作频段又为高频,所以常将其称为高频标签。鉴于该频段的射频标签可能是实际应用中最大量的一种射频标签,为了便于叙述,通常将其称为中频射频标签,简称为中频标签。

中频标签一般采用无源标签,其工作能量与低频标签一样,也是通过电感(磁)耦合方式从读写器耦合线圈的辐射近场中获得。标签与读写器进行数据交换时,标签必须位于读写器天线辐射的近区场内。中频标签的阅读距离一般情况下小于 1m。

中频标签可以方便地做成卡状,典型应用包括电子车票、电子身份证及电子闭锁防盗(电子遥控门锁控制器)等。相关的国际标准有 ISO 14443、ISO 15693、ISO 18000-3(13.56MHz)等。

3) 微波射频标签

超高频与微波频段的射频标签简称为微波射频标签,其典型工作频率为 433.92MHz、862(902)MHz~928MHz、2.45GHz 及 5.8GHz。微波射频标签可分为有源标签与无源标签两类。工作时,射频标签位于读写器天线辐射场的远区场内,标签与读写器之间的耦合方式为电磁耦合。读写器天线辐射场为无源标签提供射频能量,将有源标签唤醒。相应的射频识别系统阅读距离一般大于 1m,典型情况为 4～6m,最大可达 10m 以上。读写器天线一般为定向天线,只有在读写器天线定向波束范围内的射频标签才可被读写。

5. 根据标签的可读写性分类

1）只读标签

只读标签是一种最简单类型的标签,通常它的内部只有只读存取器用来存储标识信息,并且 EPC 是由制造商在制造过程中写入的,此后不可更新。这种类型的标签也被用来做成一种称为电子防盗器/电子物品监视器的标签,这些标签没有 ID 号,它们在通过读写器时,能够被读写器发现并捕获。

2）一次写入只读标签

一次写入只读标签内部只有只读存储器(ROM)和随机存储器(RAM)。ROM 用于存储发射器操作系统程序和安全性要求较高的数据,它与内部的处理器或逻辑处理单元完成内部的操作控制功能。只读标签 ROM 中还存储了标签的标识信息,这些信息在标签制造过程中由制造商写入,也可以由用户自己写入,但是一旦写入信息就不能修改。

3）读写标签

读写标签是一种非常灵活的标签,用户可以通过访问标签存储器对这种标签进行读写操作。它的内部含有可编程记忆存储器,这种存储器除了有存储信息的功能,还可以在适当的条件下由用户写入数据。例如,EEPROM(电可擦写可编程只读存储器)就是比较常见的一种,这种存储器可以在加电的情况下实现对原来数据的擦除和数据的重新写入。

4）利用片上传感器实现的可读写标签

利用片上传感器实现的可读写标签包含一个片上传感器,用户可以记录参数(如温度、压力、加速度等),并将其写入标签存储器(通常是可编程记忆存储器,如 EEPROM)。因为这种标签的工作环境并不在读写器的作用范围内,因此必须是主动式或半主动式的。

5）利用收发信机实现的可读写标签

利用收发信机实现的可读写标签类似于一个小的发射接收系统,可以和其他标签或者器件进行数据通信,而不需要读写器的参与,并把相关信息通过可编程的方式写入自身的可编程存储器中。它们通常都是主动式的。

以上五种类型标签的分类比较见表 2-1-2。

表 2-1-2   五种类型标签的分类比较

RFID 标签的类型	实　　例	存储器类型	供电形式	应　　用
1	ESA/EPC	无(ESA)	无源	身份识别/防盗
2	EPC	只读	任意	身份识别
3	EPC	可读写	任意	数据采集
4	标签传感器	可读写	半有源/有源	传感器
5	智能灰尘	可读写	有源	无人监控系统

6. 按照作用的距离进行分类

(1) 密耦合标签:作用距离小于 1cm 的标签。

(2) 近耦合标签:作用距离大约为 15cm 的标签。

（3）疏耦合标签：作用距离大约为 1m 的标签。

（4）远距离标签：作用距离从 1m 到 10m，甚至更远的标签。

2.1.3　电子标签的工作原理

目前，RFID 电子标签的工作频率主要集中在低频（LF）、高频（HF）、超高频（UHF）和微波频段。标签与读写器之间的数据通信一般通过电感耦合和电磁反向散射耦合两种耦合方式进行，这两种方式采用的频率不同，工作原理也不同。

电感耦合使用感应磁场进行能量传递和数据交换，它和变压器的工作原理相同。读写器天线产生一个电磁场，标签线圈通过该电磁场感应出电压，为标签工作提供能量。从读写器到标签的数据传输是通过改变传输场的一个参数（幅度、频率或者相位）来实现的。从标签返回的数据传输通过改变标签天线上的负载阻抗来实现。该耦合方式适用于近场耦合，用于中、低频工作的近距离射频识别系统，典型的工作频段有 125kHz、225kHz 和 13.56MHz，识别距离小于 1m，典型作用距离为 10～20cm。

电磁反向散射耦合利用雷达原理模型，发射后的电磁波碰到目标后被反射回来，同时带回目标信息，依据的是电磁波的空间传播规律，主要用于 UHF 频段和微波频段。

1. LF、HF 频段标签工作原理

在 LF 和 HF 频段的读写器天线和标签天线主要采用电感耦合的方式来传递能量和信息，天线的工作原理等效为 LC 谐振电路，为了使从读写器传输到标签的能量最大化，需要将谐振回路精确调谐在谐振频率上（如 HF 的 13.56MHz），读写器和标签之间的通信是指读写器将要传输的数字基带信号通过幅度调制变成调幅波传输给标签。标签的内部电路能够检测到接收到的已调信号，并且从中解调出原始的基带信号。读写器因为有电源供应能量，所以具有传输和调制信号的能力，但是一个被动式（无源）标签则是通过电感耦合的方式把信号反馈给读写器。在电感耦合（变压器模型）中，如果二次侧的阻抗发生变化，那么一次侧的电压或电流也会产生相应的变化。电感耦合的标签和读写器之间的通信就是基于这一原理来实现的，标签天线通过其内部的芯片来改变接收天线的阻抗，从而不断地调整频率，使反馈回的信号频率和读写器的发射频率一致。但是，实际情形远比简单的物理模型要复杂。对于被动式标签，它反馈信号的强度有限，如果反馈的信号频率和读写器的频率一致，那么必然会导致反馈的微弱信号被读写器的发射信号覆盖，从而导致读写器不能检测到反馈回的信号。为了解决这一问题，通常并不是简单地使反馈信号的频率和读写器的频率一致，而是通过一个标签内部电路对反馈信号进行一定的调制，达到频谱搬移的目的，只需在读写器端检测到搬移后的边带即可，如图 2-1-2 所示。图中，f_c 为中心工作频率，该 HF 频段 RFID 系统满足 ISO 15693 标准，载波为 423kHz。

2. UHF 以及微波频段标签工作原理

工作在 UHF 或者更高频段的被动式标签利用的是与 LF、HF 相同的调制原理，也是从读写器获得能量和信息。所不同的是，它们的能量转移方式（即标签获得能量的方式）不同。前面已经提到天线远场辐射问题，所谓远场，就是电磁理论中电场和磁场分量同时在导体（天线）中作用（相互激发），然后以电磁波的形式传播到自由空间去的场。基于这一点，在 UHF 这种工作模式下，就没有利用类似于 HF 频段电感耦合的可能性，因为标签天线已经

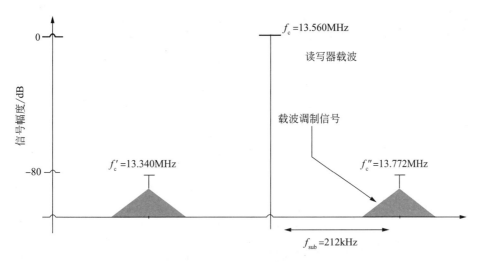

图 2-1-2 将反馈信号进行频谱搬移后的边带信号

不在近场的作用范围内了。远区场中这种电磁波的传播是基于电波传播理论的。在一些传输体系中,例如传输线(同轴电缆),要尽可能限制这种电磁波的传输,因为它会带来额外的能量损耗。但是,在天线传输体系中,情况却刚好相反,电磁波的传输是受到激励的。当电磁波遇到标签的天线时,一部分能量被标签吸收,用来对内部芯片进行供电,另一部分能量通过电磁反向散射的方式被反射回读写器。在远场情形中,标签天线一般为偶极子天线,理论计算表明,为了达到最大的能量传输效率,偶极子的长度须等于 $\lambda/2$(λ 为波导波长),在 UHF 频段大约为 16cm。实际上,一般偶极子天线是由两个 $\lambda/4$ 长度的天线构成的,如果不能满足这一尺寸,将会对传输性能产生巨大的影响。

类似于低频标签天线利用电感耦合,UHF 标签天线也不能独立地进行能量传输。从标签到读写器的通信,也是通过天线实时地改变它的输入阻抗来完成的。当天线输入阻抗改变时,就会改变反射回的信号信息,这样标签便把要传输的信息传给读写器,实现了设备间的通信。

与 UHF 和微波频段系统不同,LF、HF 系统的射频场不会被水和人体生物组织等吸收,因此它的鲁棒性更强,水和潮湿空气等对其的影响可以忽略。电磁反向散射耦合这种方式现在还存在很多问题,所以它的应用远不如 HF 中的电感耦合广泛。一个最严重和最需要解决的问题就是从读写器发出的读写信号,不仅会被标签天线反射,而且会被任意波长和波长满足一定尺寸关系的物体反射。这些反射信号会减弱甚至抵消远场的电磁信号。

2.1.4 电子标签的封装形式

根据电子标签应用场合的不同,可以将电子标签封装成不同的形状,使其满足不同的应用需要。下面是电子标签常见的几种封装形式。

1. 信用卡与半信用卡标签

信用卡标签和半信用卡标签是电子标签常见的形式,其大小等同于信用卡,厚度一般不超过 3mm,如图 2-1-3 所示。

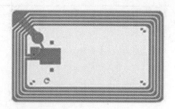

图 2-1-3 信用卡标签

2. 线形标签

常见的线形标签有物流线形标签和车辆用线形标签。其中,物流线形标签如图 2-1-4 所示。车辆用线形标签主要用于加强车辆在高速行驶中的识别能力,提高识别距离和准确度,其主要是将电子标签封装成特殊的车用电子标签,用铆钉等装置固定在卡车的车架上。这种标签适合用于集装箱等大型货物的识别。

图 2-1-4 物流线形标签

3. 盘形电子标签

最常见的电子标签是盘形电子标签,如图 2-1-5 所示。盘形电子标签是将标签放置在丙烯腈、丁二烯及苯乙烯喷铸的外壳里,直径从几毫米到 10cm 不等。在中心处,大多有一个用于固定螺丝的圆孔,这种盘形电子标签适用的温度范围较大。也可以用聚苯乙烯或环氧树脂代替丙烯腈、丁二烯及苯乙烯,但这种盘形电子标签适用的温度范围较小。

图 2-1-5 盘形电子标签

4. 自粘标签

自粘标签既薄又灵活,可以理解为一种薄膜型构造的标签,是通过丝网印刷或蚀刻技术将标签安放在只有 0.1mm 厚的塑料膜上。这种薄膜往往与一层纸胶黏合在一起,并在背后涂上胶黏剂。

具有自粘能力的电子标签可以方便地附着在需要识别的物品上,可以做成具有一次性粘贴或者可以多次粘贴的形式,这主要取决于具体应用的不同需求。

5. 片上线圈

为了进一步微型化,可将电子标签的线圈和芯片结合成整体,即片上线圈。片上线圈是通过一种特殊的微型电镀过程来实现的。这种微型电镀过程可以在普通的互补金属氧化物半导体晶片上进行。这里,线圈呈平面螺旋线直接排列在绝缘的硅芯片上,并通过钝化层中的掩膜孔开口与其下的电路触点接通,这样,可得到宽度为 $5\sim10\mu m$ 的导线。为了保证线圈和芯片结合体中的非接触存储器组件的机械承载能力,最后要用聚酰胺进行钝化。

6. 钥匙扣形电子标签

电子标签也可集成到用于自动停车的号码器或安全要求很高的门锁系统的机械钥匙中,这些应用中通常使用塑料标签,它们被封装成钥匙扣的形状,如图 2-1-6 所示。

图 2-1-6　钥匙扣形电子标签

7. 手表形标签

手表形标签具有携带方便、美观实用的特点,一般用于门禁、娱乐等射频识别系统中,常见的形式如图 2-1-7 所示。其一般的形式是手表内有一个印在一块薄印制电路板上,并有少量匝数的框形天线。电路板与线圈外壳靠得很近,使得被天线线圈覆盖的面积尽可能地大。

图 2-1-7　手表形标签

8. 其他标签

标签除了以上结构形式,还有一些专门应用的特殊结构标签,此处不再赘述。

2.1.5　电子标签的发展趋势

电子标签有多种发展趋势,以适应不同的应用需求。以电子标签在商业上的应用为例,由于有些商品的价格较低,为使电子标签不过多地提高商品的成本,要求电子标签的价格尽可能低。以物联网为例,物联网希望标签不仅有标识的功能,而且有感知的功能。总体来说,电子标签具有以下发展趋势。

1. 体积更小

由于实际应用的限制,一般要求电子标签的体积比标记的物品小。这样,体积非常小的物品以及其他一些特殊的应用场合就对标签提出了更小、更易于使用的要求。现在带有内置天线的最小射频识别芯片厚度仅有 0.1mm 左右,电子标签可以嵌入纸币。

2. 成本更低

从长远来看,电子标签(特别是超高频远距离电子标签)的市场在未来几年内将逐渐成熟,成为继手机、身份证、公交卡之后又一个具有广阔前景和巨大容量的市场。在商业上应用电子标签,当使用数量以 10 亿计时,很多公司希望每个电子标签的价格低于 5 美分。

3. 作用距离更远

由于无源射频识别系统的工作距离主要限制在标签的能量供电上,随着低功耗设计技术的发展,电子标签的工作电压将进一步降低,所需功耗可以降低到 $5\mu W$,甚至更低。这就使得无源射频识别系统的作用距离进一步加大,可以达到几十米以上。

4. 无源可读写性能更加完善

不同的应用系统对电子标签的读写性能和作用距离有着不同的要求。为了适应多次改写标签数据的场合,需要更加完善的电子标签读写性能,使其误码率和抗干扰性能达到可以接受的程度。

5. 适合高速移动物体的识别

针对高速移动的物体,如火车和高速公路上行驶的汽车,电子标签与读写器之间的通信速度会提高,可以快速准确地识别高速运动的物体。

6. 多标签的读/写功能

物流领域会涉及大量物品需要同时识别的问题。因此,必须采用适合这种应用的通信协议,以实现快速、多标签的读/写功能。

7. 电磁场下自我保护功能更完善

电子标签处于读写器发射的电磁辐射中,这样电子标签有可能处于非常强的能量场中。如果电子标签接收的电磁能量很强,会在标签上产生很高的电压。为了保护标签芯片不受损害,必须加强电子标签在强磁场下的自保护功能。

8. 智能性更强、加密特性更完善

在某些对安全性要求较高的应用领域中,需要对标签的数据进行严格的加密,并对通信过程进行加密。这样就需要智能性更强、加密特性更完善的电子标签,使电子标签在"敌人"出现的时候,能够更好地隐藏自己而不被发现,并且数据不会因未经授权而被获取。

9. 带有其他附属功能的标签

在某些应用领域中,需要准确地寻找某一个标签,这时标签需要有某些附属功能,如蜂鸣器或指示灯。当系统发送指令时,电子标签便会发出声光指示,这样就可以在大量的目标中寻找特定的标签。另外,在其他方面,如新型的防损、防窃标签,可以在生成过程中将电子标签隐藏或嵌入在物品中,以解决超市中物品的防窃问题。

10. 具有杀死功能的标签

为了保护隐私,在标签的设计寿命到期或者需要终止标签的使用时,读写器可以发出杀死命令,或者标签自行销毁。

11. 新的生产工艺

为了降低标签天线的生产成本,人们开始研究新的天线印制技术,可以将RFID天线以接近于0的成本印制到产品包装上。采用导电墨水在产品的包装盒上印制RFID天线,比传统的金属天线成本低,印制速度快,节省空间,并有利于环保。

12. 带有传感器功能

将电子标签与传感器相连,将大大扩展电子标签的功能和应用领域。物联网的基本特征之一是全面感知,不仅要求利用射频识别技术标识物体,而且要求利用传感器技术感知物体。

习　　题

简答题

1. 举例说说你所知道的电子标签的历史。

2. 电子标签有多种发展趋势,以此来适应不同的应用需求。查阅资料,说说电子标签有怎样的发展趋势。

任务思考

任务 2.2 认识 RFID 读写器

【学习目标】

（1）了解读写器在 RFID 系统中的作用；

（2）了解 RFID 读写器的分类；

（3）理解 RFID 读写器的工作原理；

（4）掌握 RFID 读写器的工作方式；

（5）了解常用的 RFID 读写器产品。

视频——读写器

【知识点】

（1）RFID 读写器的主要功能；

（2）RFID 读写器的分类；

（3）RFID 读写器的组成。

读写器（Reader and Writer）又称为阅读器（Reader）或询问器，是读取和写入电子标签内存信息的设备。读写器可以与计算机网络进行连接，由计算机网络构成的系统高层完成数据信息的存储、管理和控制。读写器是一种射频无线数据采集设备，其基本作用就是作为数据交换的一环，将前端电子标签所包含的信息传递给后端的系统高层。

2.2.1 读写器的基本组成

读写器基本由射频模块、控制处理模块和天线组成。读写器通过天线与电子标签进行无线通信，因此读写器可以看作一个特殊的收、发信机。同时，读写器也是电子标签与计算机网络的连接通道。读写器各组成部分如下。

读写器由天线、射频模块和控制处理模块组成，可以工作在一个或多个频率，可以读写一种或多种型号的电子标签，并可以与计算机网络相联。

（1）读写器天线可以是一个独立的部分，也可以内置到读写器中。读写器天线将电磁波发射到空间，并收集电子标签的无线数据信号。

（2）射频模块用于基带信号与射频信号的相互转换，并与天线相连。射频模块既可以将频率很低的基带信号转换为射频信号，然后传输至天线，又可以将天线接收的射频信号转换为频率很低的基带信号。

（3）控制处理模块是读写器的核心。控制处理模块主要有以下作用：对发射信号进行编码、调制等各种处理，对接收信号进行解调、解码等各种处理；执行防碰撞算法；实现与后端应用程序的规范接口。

2.2.2 读写器的结构形式

读写器没有一个确定的模式。根据数据管理系统的功能和设备制造商的生产习惯，读写器具有各种各样的结构和外观形式。根据读写器天线与读写器模块是否分离,读写器可以分为集成式读写器和分离式读写器;根据读写器外形和应用场合,读写器可以分为固定式读写器、OEM 模块式读写器、手持便携式式读写器、身份证阅读器和银行卡读卡器、工业读写器和发卡器等。

1. 固定式读写器

固定式读写器一般是指天线、读写器与主控机分离,读写器和天线可以分别安装在不同位置,读写器可以有多个天线接口和多种 I/O 接口。固定式读写器将射频模块和控制处理模块封装在一个固定的外壳里,完成射频识别的功能。固定式读写器可以采用如图 2-2-1 所示的结构形式。

图 2-2-1 三种固定式读写器

固定式读写器的主要技术参数如下。

1)供电方式

供电可以为 220V 交流电、110V 交流电或 12V 直流电,电源接口通常为交流三针圆形或直流同轴插口。

2)天线及天线接口

天线可以采用单天线、双天线或多天线形式。天线接口可以为 BNC 或 SMA 射频接口。天线与读写器的连接可以为螺钉旋接方式,也可以为焊点连接方式。

3)通信接口

通信接口可以采用 RS-232 接口、RS-485 接口或无线 WLAN 802.11 接口等。

2. OEM 模块式读写器

在很多应用中,读写器并不需要封装外壳,只需要将读写器模块组装成产品,这就构成了 OEM(Original Equipment Manufacture,原始设备制造商)模块式读写器。OEM 模块式读写器的典型技术参数与固定式读写器相同。

3. 手持便携式读写器

为了减小设备尺寸,降低设备制造成本,提高设备灵活性,也可以将天线与射频模块、控制处理模块封装在一个外壳中,这样就构成了一体化读写器。手持便携式读写器是指天线、读写器与主控机集成在一起,适合于用户手持使用的电子标签读写设备。手持便携式读写器将读写器模块、天线和掌上计算机集成在一起,执行电子标签识别的功能,其工作原理与固定式读写器基本相同。手持便携式读写器一般带有液晶显示屏,并配有输入数据的键盘,常用在付款扫描、巡查、动物识别和测试等场合。

　　手持便携式读写器一般采用充电电池供电,可以通过通信接口与服务器进行通信,在不同的环境中工作,并可以采用 Windows CE 或其他操作系统。与固定式读写器不同的是,手持便携式读写器可能会对系统本身的数据存储量有要求,并要求防水和防尘等。手持便携式读写器可以采用图 2-2-2 所示的形式。

图 2-2-2　三种手持便携式读写器

4. 身份证阅读器和银行卡读卡器

　　第二代身份证阅读器符合 ISO 14443 技术标准,采用内置式天线、标准计算机通信接口,支持 Windows 98/2000/XP/NT 等操作系统,电源直流插孔可设计在通信插头上。第二代身份证阅读器如图 2-2-3(a)所示,可用于银行开户、旅馆住宿登记、民航机票购买等场合。

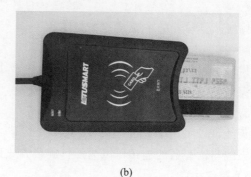

(a)　　　　　　　　　　　　　　　　　　　(b)

图 2-2-3　身份证读卡器和银行卡读卡器

　　银行卡读卡器符合 ISO 7816 和 ISO 14443 标准,能将接触式和非接触式技术标准整合在同一个读卡器设备中,不仅可以用于信用卡网上交易支付,还可以用于非接触式智能卡充值。银行卡读卡器如图 2-2-3(b)所示,具有用于非接触电子标签访问的内置天线,卡的读取距离视标签类型而定,最大读卡距离可达 50mm。

5. 工业读写器

　　工业读写器是指应用于矿井、自动化生产或畜牧等领域的读写器。工业读写器一般有现场总线接口,很容易集成到现有设备中。工业读写器一般需要与传感设备组合在一起,例如,矿井读写器应具有防爆装置。与传感设备集成在一起的工业读写器有可能成为应用最广的射频识别形式。

6. 发卡器

　　发卡器主要用于电子标签对具体内容的操作,包括建立档案、消费纠错、挂失、补卡和信息修正等。发卡器可以与计算机相互配合,与发卡管理软件结合起来应用。发卡器实际上是小型电子标签读写装置,具有发射功率小、读写距离近等特点。

2.2.3　读写器的工作特点

读写器的基本功能是触发作为数据载体的电子标签,与这个电子标签建立通信联系。电子标签与读写器非接触通信的一系列任务均由读写器处理,同时读写器在应用软件的控制下,实现读写器在系统网络中的运行。读写器的工作特点如下。

1. 电子标签与读写器之间的通信

读写器以射频方式向电子标签传输能量,并对电子标签完成基本操作。其基本操作主要包括对电子标签初始化、读取或写入电子标签内存的信息、使电子标签功能失效等。

2. 读写器与系统高层之间的通信

读写器将读取到的电子标签信息传递给由计算机网络构成的系统高层,系统高层对读写器进行控制和信息交换,完成特定的应用任务。

3. 读写器的识别能力

读写器不仅能识别静止的单个电子标签,而且能同时识别多个移动的电子标签。

(1)防碰撞识别能力:在识别范围内,读写器可以完成多个电子标签信息的同时存取,具备读取多个电子标签信息的防碰撞能力。

(2)对移动物体的识别能力:读写器能够在一定的技术指标下,对移动的电子标签进行读取,并能够校验读写过程中的错误信息。

4. 读写器对有源电子标签的管理

对于有源电子标签,读写器能够标识电子标签电池的相关信息,如电量等。

5. 读写器的适应性

读写器兼容最通用的通信协议,单一的读写器能够与多种电子标签进行通信。读写器非常容易安装在现有的网络结构中,并能够被远程维护。

6. 应用软件的控制作用

读写器的所有行为可以由应用软件来控制,应用软件作为主动方对读写器发出读写指令,读写器作为从动方对读写指令进行响应。

2.2.4　读写器的技术参数

根据使用环境和应用场合的要求,不同的读写器需要不同的技术参数。读写器常用的技术参数如下。

1. 工作频率

射频识别的工作频率是由读写器的工作频率决定的,读写器的工作频率也要与电子标签的工作频率保持一致。

2. 输出功率

读写器的输出功率不仅要满足应用的需要,还要符合国家和地区对无线发射功率的许可,并符合人类健康的要求。

3. 输出接口

读写器的输出接口形式很多,具有 RS-232、RS-485、USB、Wi-Fi、GSM 和 3G 等多种接口,可以根据需要选择几种输出接口。

4. 读写器类型

读写器有多种类型,包括固定式读写器、手持式读写器、工业读写器和 OEM 读写器等,选择时还需要考虑天线与读写器模块分离与否。

5. 工作方式

读写器的工作方式包括全双工、半双工和时序三种方式。

6. 读写器优先或电子标签优先

读写器优先是指读写器首先向电子标签发射射频能量和命令,电子标签只有在被激活且接收到读写器的命令后,才对读写器的命令做出反应。

电子标签优先是指对于无源电子标签,读写器只发送等幅度、不带信息的射频能量,电子标签被激活后,反向散射电子标签数据信息。

2.2.5 读写器的功能模块

读写器的功能模块主要包括射频模块、控制处理模块和天线。读写器的功能模块如图 2-2-4 所示。

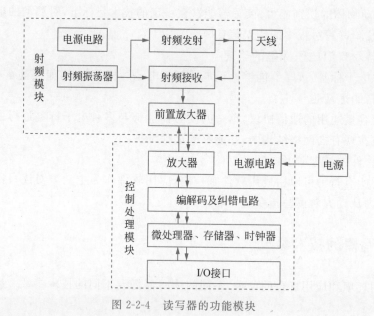

图 2-2-4　读写器的功能模块

1. 射频模块

射频模块可以分为发射通道和接收通道两部分。射频模块的主要作用是对射频信号进行处理。射频模块可以完成以下功能。

(1) 由射频振荡器产生射频能量。射频能量的一部分用于读写器;另一部分通过天线发送给电子标签,激活无源电子标签,并为其提供能量。

（2）将发往电子标签的信号调制到读写器载频信号上，形成已调制的发射信号，经读写器天线发射出去。

（3）将电子标签返回到读写器的回波信号解调，提取出电子标签发送的信号。同时，将电子标签信号进行放大。

2. 基带信号处理模块

（1）将读写器智能单元发出的命令进行编码，使编码便于调制到射频载波上。

（2）对经过射频模块处理的标签回送信号进行解码等处理，将处理后的结果送到读写器智能模块。

3. 智能模块

智能模块是读写器的控制核心。智能模块通常采用嵌入式微处理器，并通过编程实现以下多种功能。

（1）对读写器和电子标签的身份进行验证。

（2）控制读写器与电子标签之间的通信过程。

（3）对读写器与电子标签之间传送的数据进行加密和解密。

（4）实现与后端应用程序之间的接口（Application Program Interface，API）规范。

（5）执行防碰撞算法，实现多标签同时识别。

随着微电子技术的发展，用数字信号处理器（DSP）设计读写器的思想逐步成熟。这种思想将控制处理模块以 DSP 为核心，辅以必要的附属电路，将基带信号处理和控制处理软件化。随着 DSP 版本的升级，读写器可以实现对不同协议电子标签的兼容。

4. 天线

天线处于读写器的最前端，是读写器的重要组成部分。读写器天线发射的电磁场强度和方向性决定了电子标签的作用距离和感应强度，读写器天线的阻抗和带宽等参数会影响读写器与天线的匹配程度。因此，读写器天线对射频识别系统有重要影响。

1）天线的类型

天线的类型取决于读写器的工作频率和天线的电参数。与电子标签的天线不同，读写器天线一般没有尺寸要求，可以选择的种类较多。读写器天线的主要类型有对称阵子天线、微带贴片天线、线圈天线、阵列天线、螺旋天线和八木天线等。有些读写器天线尺寸较大，需要在读写器之外独立安装。

2）天线的参数

读写器天线的参数主要是方向系数、方向图、半功率波瓣宽度、增益、极化、带宽和输入阻抗等。读写器天线的方向性根据设计可强可弱，增益一般在几分贝到十几分贝之间；极化采用线极化或圆极化方式；带宽覆盖整个工作频段；输入阻抗通常选择 50Ω 或 75Ω；尺寸在几厘米到几米之间。

2.2.6　读写器的发展趋势

随着射频识别应用的日益普及，读写器的结构和性能不断更新，价格也不断降低。从技术角度来说，读写器的发展趋势体现在以下几个方面。

1. 兼容性

现在射频识别的应用频段较多,采用的技术标准也不一致。因此,希望读写器可以多频段兼容、多制式兼容,实现读写器可以兼容读写不同标准或不同频段的电子标签。

2. 接口多样化

读写器要与计算机通信网络连接,因此希望读写器的接口多样化。读写器可以具有 RS-232、USB、Wi-Fi、GSM 和 3G 等多种接口。

3. 采用新技术

1)采用智能天线

采用多个天线构成的阵列天线,形成相位控制的智能天线,实现多输入、多输出 (Multiple-Input Multiple-Output,MIMO)的天线技术。

2)采用新的防碰撞算法

防碰撞技术是读写器的关键技术,采用新的防碰撞算法,可以使防碰撞的能力更强,多标签读写更有效、更快捷。

3)采用读写器管理技术

随着射频识别技术的广泛使用,由多个读写器组成的读写器网络越来越多,这些读写器的处理能力、通信协议、网络接口及数据接口均可能不同,读写器需要从传统的单一读写器模式发展为多读写器模式。所谓读写器管理技术,是指读写器配置、控制、认证和协调的技术。

4. 模块化和标准化

随着读写器射频模块和基带信号处理模块的标准化与模块化日益完善,读写器的品种将日益丰富,读写器的设计将更简单,读写器的功能将更完善。

 习　　题

简答题

1. RFID 读写器一般由哪几部分组成？RFID 读写器是一个典型的无线通信设备吗？
2. NFC 是 RFID 吗？NFC 与 RFID 之间有什么关系？

任务思考

任务 2.3 数据编码、调制与解调

【学习目标】

(1) 了解通信系统模型和数字通信系统模型,掌握 RFID 系统通信模型的组成及工作原理;

(2) 了解信源编码与解码,理解信道编码与解码;

(3) 理解 RFID 常用的编码方法;

(4) 理解 RFID 常用的数字调制方法。

【知识点】

(1) 通信系统;

(2) 数字通信系统;

(3) 信源编码与解码;

(4) 信道编码与解码;

(5) 调制;

(6) 数字调制;

(7) 基带信号和带通信号。

2.3.1 信号与信道

信号是消息的载体,在通信系统中,消息以信号的形式从一点传送到另一点。信道是信号的传输媒质,信道的作用是把携有信息的信号从它的输入端传递到输出端。在 RFID 系统中,读写器与电子标签之间交换的是信息,由于采用非接触的通信方式,读写器与电子标签之间构成一个无线通信系统。其中,读写器是通信的一方,电子标签是通信的另一方。

1. 信号

1) 模拟信号和数字信号

模拟信号是指用连续变化的物理量表示的信息,其信号的幅度、频率或相位随时间连续变化。模拟数据一般采用模拟信号。无线电与电视广播中的电磁波是连续变化的电磁波,电话传输中的音频电压是连续变化的电压,它们都是模拟信号。

视频——信号

数字信号是指幅度的取值是离散的,幅值表示被限制在有限个数值之内。二进制码就是一种数字信号,例如一系列断续变化的电压脉冲可以用二进制码表示,恒定的正电压表示二进制数 1,恒定的负电压表示二进制数 0。

数字信号较模拟信号有许多优点,RFID 系统常采用数字信号。RFID 系统数字信号的主要特点如下。

(1) 信号的完整性:RFID 系统采用非接触技术传递信息,容易遇上干扰,使信息传输发生改变。数字信号容易校验,并容易防碰撞,可以使信号保持完整性。

(2) 信号的安全性:RFID 系统采用无线方式传递信息,开放的无线系统存在安全隐患,信息传输的安全性和保密性变得越来越重要。数字信号的加密处理比模拟信号容易得多，数字信号可以用简单的数字逻辑运算进行加密和解密处理。

（3）便于存储、处理和交换：数字信号的形式与计算机所用的信号一致，因此便于与计算机联网，也便于用计算机对数字信号进行存储、处理和交换。

（4）设备便于集成化、微型化：数字通信设备中的大部分电路是数字电路，可用大规模和超大规模集成电路实现，设备体积小，且功耗低。

（5）便于构成物联网：采用数字传输方式，可以实现传输和交换的综合，实现业务数字化，更容易与互联网结合，更容易构成物联网。

2）时域和频域

时域的自变量是时间，时域表示信号随时间的变化。在时域中，通常对信号的波形进行观察，画出图来就是横轴是时间、纵轴是信号的振幅。

频域的自变量是频率，频域表示信号随频率的变化。对信号进行时域分析时，有时一些信号的时域参数相同，但并不能说明信号就完全相同，因为信号不仅随时间变化，还与频率、相位等信息有关，这就需要进一步分析信号的频域结构，在频域中对信号进行描述。在RFID技术中，对信号频域的研究很重要，需要讨论信号的频率和带宽等参数。

3）信号工作方式

读写器与电子标签之间的工作方式可以分为时序系统、全双工系统和半双工系统。下面就读写器与电子标签之间的工作方式予以讨论。

（1）时序系统：从电子标签到读写器的信息传输是在电子标签能量供应间歇进行的，读写器与电子标签不同时发射。这种方式可以改善信号受干扰的状况，提高系统的工作距离。时序系统的工作过程如下。

① 读写器先发射射频能量，该能量传送到电子标签，给电子标签的电容器充电，将能量用电容器存储起来，这时电子标签的芯片处于省电模式或备用模式。

② 读写器停止发射能量，电子标签开始工作，电子标签利用电容器的储能向读写器发送信号，这时读写器处于接收电子标签响应的状态。

③ 能量传输与信号传输交叉进行，一个完整的读出周期由充电和读出两个阶段构成。

（2）全双工系统：全双工表示电子标签与读写器之间可以在同一时刻互相传送信息，读写器可以持续给电子标签提供能量。

（3）半双工系统：半双工表示电子标签与读写器之间可以双向传送信息，但在同一时刻只能向一个方向传送信息。半双工系统读写器可以给电子标签持续提供能量。

4）通信握手

通信握手是指读写器与电子标签双方在通信开始、结束和通信过程中的基本沟通，通信握手要解决通信双方的工作状态、数据同步和信息确认等问题。

（1）优先通信：RFID由通信协议确定谁优先通信，也就是确定读写器先讲，还是电子标签先讲。对于无源和半有源系统，都是读写器先讲；对于有源系统，双方都有可能先讲。

（2）数据同步：读写器与电子标签在通信之前，要协调双方的位速率，保持数据同步。读写器与电子标签的通信是空间通信，数据传输采用串行方式进行。

（3）信息确认：确认读写器与电子标签之间信息的准确性，如果信息不正确，将请求重发。在RFID系统中，通信双方经常处于高速运动状态，重发请求加大了时间开销，而时间是制约速度的最主要因素。因此,RFID的通信协议常采用自动连续重发,接收方比较数据后丢掉错误数据,保留正确数据。

2. 信道

信道可以分为两大类,一类是电磁波在空间的传播渠道,如短波信道、微波信道等;另一类是电磁波的导引传播渠道,如电缆信道、光纤信道等。RFID的信道是具有传播特性的空间,RFID采用无线信道。下面讨论信道的频带宽度、传输速率和信道容量。

视频——信道

1) 信道的频带宽度

信号所拥有的频率范围叫作信号的频带宽度。信道的频带宽度为

$$BW = f_2 - f_1 \tag{2-3-1}$$

式中:f_1——信号在信道中能够通过的最低频率;

f_2——信号在信道中能够通过的最高频率。

信道的频带宽度是由信道的物理特性决定的,当确定信道的组成之后,信道的频带宽度就随之确定了。

2) 信息传输速率

信息传输速率 R 就是数据在传输介质(信道)上的传输速率。信息传输速率是描述数据传输系统的重要技术指标之一,信息传输速率在数值上等于每秒钟传输数据代码的二进制比特数。信息传输速率 R 的单位为比特/秒,记作 bit/s。

例如,如果在通信信道上发送 1 比特信号所需要的时间是 0.001ms,那么信道的信息传输速率为 1 000 000bit/s。在实际应用中,常用的信息传输速率单位有 kbit/s、Mbit/s 和 Gbit/s,它们的关系如下。

$$1kbit/s = 10^3 bit/s$$
$$1Mbit/s = 10^3 kbit/s$$
$$1Gbit/s = 10^3 Mbit/s$$

RFID 常用标准的信息传输速率如下。

(1) 对于 13.56MHz 的 ISO/IEC 14443 标准,从读写器到电子标签的信息传输速率为 106kbit/s;从电子标签到读写器的信息传输速率为 106kbit/s。

(2) 对于 860/960MHz 的 ISO 18000-6 标准,18000-6A 从读写器到电子标签的信息传输速率为 33kbit/s,18000-6B 从读写器到电子标签的信息传输速率为 10kbit/s~40kbit/s,18000-6C 从读写器到电子标签的信息传输速率为 26.7kbit/s~128.0kbit/s;18000-6A 从电子标签到读写器的信息传输速率为 40kbit/s~160kbit/s,18000-6B 从电子标签到读写器的信息传输速率为 40kbit/s~160kbit/s,18000-6C 从电子标签到读写器的信息传输速率为 40kbit/s~640kbit/s。

3) 波特率与比特率

在信息传输通道中,携带数据信息的信号单元称为码元。每秒钟通过信道传输的码元称为码元传输速率 RB,简称为波特率。码元传输速率 RB 的单位为波特,记作 Baud 或 B。

波特率是指数据信号对载波的调制速率，它用单位时间内载波调制状态改变的次数来表示。

比特率就是信息传输速率，表示每秒钟内传输的二进制位的位数，简称为比特率。比特率是位速率，在数值上等于每秒钟传输数据代码的二进制比特数。

如果一个码元的状态数可以用 M 个离散的电平个数来表示，有如下关系。

$$比特率＝波特率×\log(2M) \tag{2-3-2}$$

当码元传输速率（波特率）不变时，可以通过增加进制数 M 来提高信息传输速率（比特率）。

当信息传输速率（比特率）不变，提高进制数 M 时，码元传输速率（波特率）降低。

4）发射机与接收机之间的数据率

发射机与接收机之间传输的数据是以数据率来传输的，这里是指从读写器到电子标签的前向链路及从电子标签到读写器的后向链路中传输的数据速率。依据数据中是否包含 1 位、1 字节、1 字符或其他单位等任何格式，常用的数据率的单位是位数每秒、字节数每秒或字符数每秒等。

例如，用字节（Byte，简写为 B）为单位表示的数据率有如下关系。

$$1kB/s＝1000 字节/秒$$
$$1KB/s＝1024 字节/秒$$

这里应该特别区分 1kB/s 与 1KB/s 的差别。1 字节等于 8 位二进制数，即 1B＝8bit。

5）信道容量

信道容量是信道的一个参数，可以反映信道所能传输的最大信息量。

（1）具有理想低通矩形特性的信道：根据奈奎斯特准则，这种信道的最高码元传输速率为

$$最高码元传输速率＝2BW \tag{2-3-3}$$

式中：BW——理想低通信道的带宽，Hz。

也就是说，这种信道的最高数据传输速率为

$$C＝2BW\log(2M) \tag{2-3-4}$$

式（2-3-4）称为具有理想低通矩形特性的信道容量。

（2）带宽受限且有高斯白噪声干扰的信道：在被高斯白噪声干扰的信道中，香农提出并证明了最大信息传送速率的公式。这种情况的信道容量为

$$C＝BW\log2\left(1+\frac{S}{N}\right) \tag{2-3-5}$$

式（2-3-5）中，BW 的单位是 Hz，S 是信号功率（W），N 是噪声功率（W）。可以看出，信道容量与信道带宽 BW 成正比，还取决于系统信噪比及编码技术种类。香农定理指出，如

果信息源的信息速率 R 小于或等于信道容量 C,那么在理论上存在一种方法,可以使信息源的输出能够以任意小的差错概率通过信道传输;如果 $R>C$,则没有任何办法传递这样的信息,或者说传递这样的二进制信息会出现差错。

（3）RFID的信道容量:信道最重要的特征参数是信息传递能力。在典型的情况(即高斯信道)下,信道的信息通过能力与信道的频带宽度、工作时间、信道中信号功率与噪声功率之比有关,频带越宽,工作时间越长,信号与噪声功率比越大,则信道的通过能力越强。

① 频带宽度越大,信道容量就越大。因此,在物联网中,RFID主要选用微波频率,微波频率比低频频率和高频频率有更大的带宽。

② 信噪比越大,信道容量就越大。RFID无线信道有传输衰减和多径效应等,应尽量减小衰减和失真,提高信噪比。

2.3.2 RFID 系统通信模型

掌握 RFID 系统通信模型是深入了解信道、编码、调制等概念的基础。因此,需要先分析信道、编码、调制等处于 RFID 系统通信模型中的哪个环节。

视频——RFID
系统通信模型

1. 通信

人类在生活、生产和社会活动中总是伴随着消息(或信息)的传递,这种传递消息(或信息)的过程就叫作通信。在古代,人类用哪些方式和手段通信呢?第一,通过声音,古代战争的时候说,一鼓作气,再而衰,三而竭,这里面的鼓,就是一种传递信息的手段,表示冲锋,还有鸣金收兵用于表示撤退的信息。第二,通过烽火台传递军事情报。第三,飞鸽传书。近现代以来,各种新的通信方式的出现改变了人们的生产与生活。

2. 通信系统模型

通信系统是指完成通信这一过程的全部设备和传输媒介,包含三个主要的功能块:发送端、信道和接收端。如图 2-3-1 所示,在通信系统模型中,信息源简称信源,把各种消息转换成原始电信号,如话筒。信息源可分为模拟信源和数字信源。发送设备用来产生适合于在信道中传输的信号。信号是运载消息的工具,是消息的载体。信道是将来自发送设备的信号传送到接收端的物理媒质。信息是抽象的,但必须通过具体的媒质传送信息。信道分为有线信道和无线信道两大类。无线电话的信道就是电波传播所通过的空间,有线电话的信道是电缆。接收设备从收到减损的接收信号中正确恢复出原始电信号。收信者也叫信宿,可以把原始电信号还原成相应的信息,如扬声器。

3. 数字通信系统模型

数字通信系统是指利用数字信号来传递信息的通信系统。数字通信系统模型如图 2-3-2 所示。发送端包含信源编码、加密、信道编码、数字调制四部分;接收端包含数字解调、信道译码、解密、信源译码四部分。

信源编码与解码的目的是提高信息传输的有效性及完成模/数转换;加密与解密的目的是保证所传信息的安全;信道编码与译码的目的是增强数字信号的抗干扰能力,以提高通信系统的可靠性;数字调制与解调的目的是形成适合在信道中传输的带通信号,确保有效地传输信息。总之,数字通信系统存在的目的是提高信息传输的有效性。

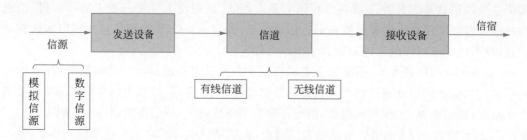

图 2-3-1   通信系统模型

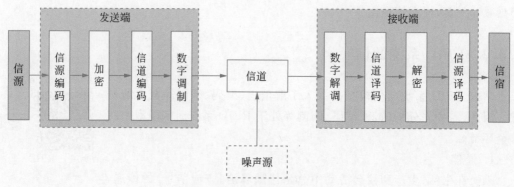

图 2-3-2   数字通信系统模型

4. RFID 系统通信模型

理解了数字通信系统模型,结合 RFID 系统组成相关知识,就可以学习 RFID 系统通信模型。RFID 系统常采用数字信号,RFID 系统通信模型如图 2-3-3 所示,其基本结构主要包含读写器、天线和电子标签,与数字通信系统的模型类似。RFID 系统内的数据传输有两个方面的内容:RFID 读写器向电子标签方向的数据传输和 RFID 电子标签向读写器方向的数据传输。

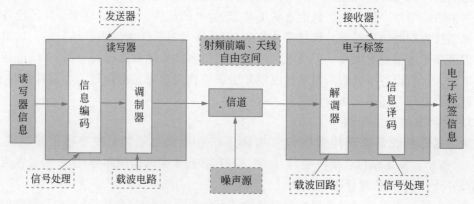

图 2-3-3   RFID 系统通信模型

下面选取 RFID 读写器到电子标签的数据传输方向进行分析。RFID 系统的通信模型主要由三部分:①读写器(也就是发送器),包含信息编码和调制器(其中调制器也叫载波电路）。②传输介质（包含射频前端、天线和自由空间）。③电子标签（也就是接收器），包含解调器（也叫载波回路）和信号译码。

2.3.3　编码与调制

1. 编码与解码

编码是为了达到某种目的而对信号进行的一种变换。其逆变换称为解码或译码。

视频——编码
与调制

根据编码的目的不同，编码理论有信源编码、信道编码和保密编码，这里主要介绍前两种：信源编码和信道编码。

编码理论在数字通信、计算技术、自动控制和人工智能等方面都有广泛的应用。

1）信源编码与解码

信源编码是对信源输出的信号进行变换，包括连续信号的离散化（即将模拟信号通过采样和量化变成数字信号），以及对数据进行压缩以提高信号传输有效性而进行的编码。信源解码是信源编码的逆过程。

信源编码有以下两个基本功能。

（1）提高信息传输的有效性，即通过某种压缩编码技术设法减少码元数目以降低码元速率。

（2）完成模/数转换（A/D转换），即当信息源给出的是模拟信号时，信源编码器将其转换为数字信号，以实现模拟信号的数字化传输。

2）信道编码与解码

信道编码是对信源编码器输出的信号进行再变换，包括区分通路、适应信道条件和提高通信可靠性而进行的编码。信道解码是信道编码的逆过程。

信道编码的主要目的是前向纠错（接收端通过纠错解码自动纠正传输中出现的差错），以增强数字信号的抗干扰能力。

数字信号在信道传输时受到噪声等影响会引起差错，为了减小差错，信道编码器按一定的规则对传输的信息码元加入保护成分（也就是监督元），组成抗干扰编码。

接收端的信道解码器按相应的逆规则进行解码，从中发现错误或纠正错误，以提高通信系统的可靠性。

2. 调制与解调

调制的目的是把传输的模拟信号或数字信号变换成适合信道传输的信号，这就意味着要把信源的基带信号转变为一个相对基带频率而言非常高的带通信号。调制的过程用于通信系统的发端。从频域角度来看，调制就是将基带信号的频谱搬移到信道通带中的过程。经过调制的信号称为已调信号。已调信号的频谱具有带通的形式，已调信号称为带通信号或频带信号。在接收端，需将已调信号还原成原始信号。解调是将信道中的频带信号恢复为基带信号的过程。

1）调制信号的必要性

调制信号是为了有效地传输信息。无线通信系统需要采用较高频率的信号，这种需要主要是由下面两种因素导致的。

（1）工作频率越高，带宽越大。当信道的频带宽度加大时，可以提高无线通信系统的抗干扰、抗衰落能力。另外，当信号的频带宽度加大时，可以将多个基带信号分别搬移到不同的载频处，以实现信道的多路复用，提高信道的利用率。

（2）工作频率越高，天线尺寸越小。这迎合了现代通信对尺寸小型化的要求。

2）信号调制的方法

调制可分为调幅、调频、调相三种方式。

（1）调幅使载波的幅度随着调制信号的大小变化而变化。

（2）调频使载波的瞬时频率随着调制信号的大小而变，而幅度保持不变。

（3）调相则利用原始信号控制载波信号的相位。

2.3.4 RFID 常用的编码方法

RFID 常用的编码方法主要包括反向不归零（NRZ）编码、曼彻斯特（Manchester）编码、单极性归零（Unipolar RZ）编码、密勒（Miller）编码、修正密勒编码、脉冲位置（PPM）编码、双相间隔码（FM0）编码、脉冲宽度（PIE）编码。

视频——RFID
常用的编码方法

1. 反向不归零（Non Return Zero，NRZ）编码

如图 2-3-4 所示，反向不归零编码用高电平表示二进制 1，低电平表示二进制 0。

反向不归零编码不用归零，也就是说，一个周期可以全部用来传输数据，这样传输的带宽就可以完全利用。

反向不归零编码型不宜传输，主要有以下几个原因。

（1）有直流分量，一般信道难以传输零频附近的频率分量。

（2）接收端判决门限与信号功率有关，不方便使用。

（3）不能直接用来提取位同步信号，因为反向不归零编码中不含有位同步信号频率成分。

（4）要求传输线有一根接地。

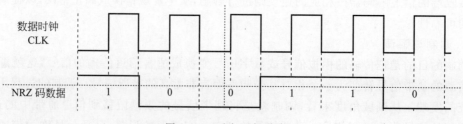

图 2-3-4　反向不归零编码

2. 曼彻斯特（Manchester）编码

曼彻斯特编码也被称为分相编码（Split-Phase Coding）。

如图 2-3-5 所示，某比特位的值是由该比特长度内半个比特周期时电平的变化（上升或下降)来表示的,半个比特周期时的负跳变(下降)表示二进制 1,半个比特周期时的正跳变(上升)表示二进制 0。

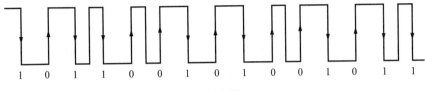

1 0 1 1 0 0 1 0 1 0 1 0 0 1 0 1 1

图 2-3-5　曼彻斯特编码

曼彻斯特编码的特点如下。

(1)曼彻斯特编码在采用负载波的负载调制或者反向散射调制时,通常用于从电子标签到读写器的数据传输,因为这有利于发现数据传输的错误。因此,在比特长度内,"没有变化"的状态是不允许的。

(2)当多个标签同时发送的数据位有不同值时,则接收的上升边和下降边互相抵消,导致在整个比特长度内是不间断的负载波信号,由于该状态不允许,所以读写器利用该错误就可以判定碰撞发生的具体位置。

(3)曼彻斯特编码由于跳变都发生在每一个码元中间,接收端可以方便地利用它作为同步时钟。

因此,曼彻斯特编码的优点是方便提取位同步时钟信号,有利于发现数据传输的错误,便于差错检测,如发现预期的跳变未出现。其缺点是每个比特时间内至少出现一次跳变,编码效率只有 50%。需要更大的带宽,也就是高速低效。

3. 单极性归零(Unipolar RZ)编码

当发码 1 时,发出正电流,但正电流持续的时间短于一个码元的时间宽度,即发出一个窄脉冲,如图 2-3-6 所示。

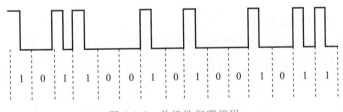

1 0 1 1 0 0 1 0 1 0 1 0 0 1 0 1 1

图 2-3-6　单极性归零编码

当发码 0 时,完全不发送电流。单极性归零编码可用来提取位同步信号。

4. 密勒(Miller)编码

如图 2-3-7 所示,当数据中心有跳变表示"1",数据中心无跳变表示"0"。

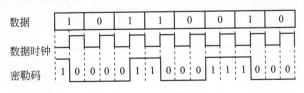

图 2-3-7　密勒编码

当发送连续的"0"时,则在数据的开始处增加一个跳变防止失步。

5. 修正密勒编码

图 2-3-8 所示为修正密勒编码的编码器原理框图和波形示意图。

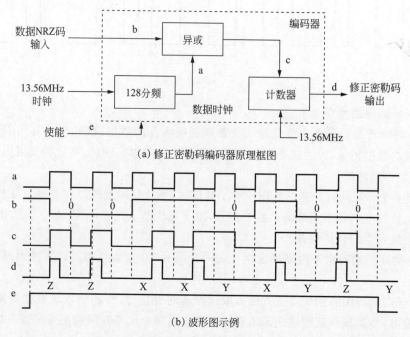

(a) 修正密勒码编码器原理框图

(b) 波形图示例

图 2-3-8　修正密勒编码

修正密勒编码将其每个边沿都用负脉冲代替。

由于负脉冲转换时间很短,可以保证在数据传输的过程中从高频场中连续给电子标签提供能量。

6. 脉冲位置(PPM)编码

如图 2-3-9 所示,在脉冲位置编码中,每个数据比特的宽度是一致的。

其中,脉冲在第一个时间段表示"00",脉冲在第二个时间段表示"01",脉冲在第三个时间段表示"10",脉冲在第四个时间段表示"11"。

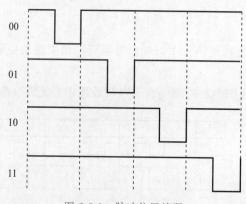

图 2-3-9　脉冲位置编码

7. 双相间隔码(FM0)编码

双相间隔码编码,在一个位窗内采用电平变化来表示逻辑。

如图 2-3-10 所示,如果电平从位窗的起始处翻转,则表示逻辑"1";如果电平除了在位窗的起始处翻转,还在位窗中间翻转则表示逻辑"0";一个位窗的持续时间是 $25\mu s$。

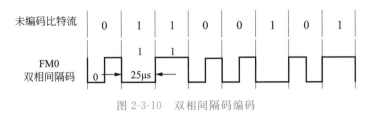

图 2-3-10　双相间隔码编码

8. 脉冲宽度(PIE)编码

可通过定义脉冲下降沿之间的不同时间宽度表示数据。

该标准规定,由阅读器发往标签的数据帧由帧开始信号(SOF)、帧结束信号(EOF)、数据"0"和"1"组成,见表 2-3-1。在标准中定义了一个名称为"Tari"的时间间隔,也称为基准时间间隔,该时间段为相邻两个脉冲下降沿的时间宽度,持续时间为 $25\mu s$,如图 2-3-11 所示。

表 2-3-1　PIE 符号

符　号	Tari 数
0	1
1	2
SOF	4
EOF	4

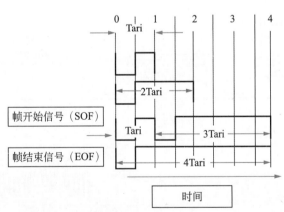

图 2-3-11　脉冲宽度编码

注:Tari 为一个基准时间间隔。

9. 编码方式的选择因素

选择 RFID 系统编码方法时,可基于以下三点进行考虑。

(1)考虑电子标签的能量来源。在 RFID 系统中使用的电子标签常常是无源的,而无源标签需要在读写器的通信过程中获得自身的能量供应。为了保证系统的正常工作,信道编码方式必须保证不能中断读写器对电子标签的能量供应。

(2)考虑电子标签检错的能力。出于保障系统可靠工作的需要,还必须在编码中提供数据一级的校验保护。可以根据码型的变化判断是否发生误码或有电子标签冲突发生。

在实际的数据传输中,由于信道中干扰的存在,数据必然会在传输过程中发生错误,这时要求信道编码能够提供一定程度的检测错误的能力。

曼彻斯特编码、差动双向编码、单极性归零编码具有较强的编码检错能力。

(3)考虑电子标签时钟的提取。在电子标签芯片中,一般不会有时钟电路,电子标签芯片一般需要在读写器发来的码流中提取时钟。

曼彻斯特编码、密勒编码、差动双向编码容易使电子标签提取时钟。

2.3.5 RFID常用的调制方法

1. 调制

所谓调制,就是按调制信号的变化规律去改变载波某些特征参数(也就是幅度、频率和相位)的过程。

在信号传输的过程中,并不是直接传输信号,而是将信号与一个固定频率的波进行相互作用,这个过程称为加载,这样一个固定频率的波称为载波。

视频——RFID
常用的调制方法

载波是一种高频振荡的模拟信号波,作为传输某种信息信号的载体,一般为正弦波。

载波的特征参数有幅度、频率、相位。

2. 数字调制

所谓数字调制,是指通过数字信号改变载波信号的一个或多个特性(幅度、频率和相位)形成"模拟信号"。RFID中用的就是数字调制,如图 2-3-12 所示。

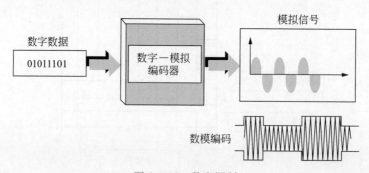

图 2-3-12   数字调制

3. 基带信号和带通信号

如图 2-3-13 所示,矩形脉冲信号是二进制比特的典型表达方式。在其频谱中,从零开始的能量集中的一段频率范围称为基本频带,简称为基带。与基带对应的数字信号称为基带信号。

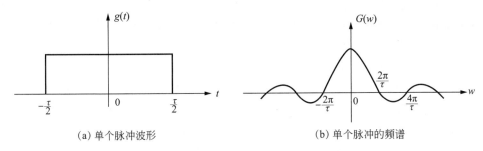

(a) 单个脉冲波形   (b) 单个脉冲的频谱

图 2-3-13 矩形脉冲信号及其频谱

基带信号往往包含有较多的低频成分,甚至有直流成分,而许多信道并不能传输这种低频分量或直流分量。

为了解决这一问题,就必须对基带信号进行处理。将基带信号的频率范围搬移到较高的频段以便在信道中传输,即仅在一段频率范围内能够通过信道,如图 2-3-14 所示。

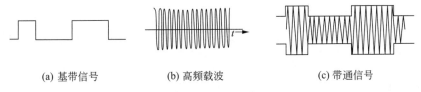

(a) 基带信号   (b) 高频载波   (c) 带通信号

图 2-3-14 基带信号的频率搬移

带通信号就是把基带信号的频率范围搬移到较高的频段的信号。

掌握了基带信号和带通信号之后,就很容易理解基带传输和频带传输的概念。

基带传输是指不搬移基带信号频谱的传输方式,基带波形可以不添加载波。频带传输是将基带信号频谱搬移到适合信道的载波频带上,并在接收端通过解调恢复基带信号频谱的传输方式,通过载波进行。

4. RFID 数字调制方法

使用载波信号对数字数据进行调制的方法通常有模拟调制法和键控法两种,如图 2-3-15 所示。模拟调制法是用乘法器实现,键控法是用开关电路实现,键控度 m 为 100%。

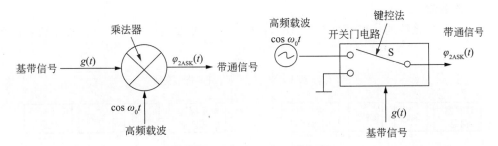

图 2-3-15 数字调制的两种方法

RFID 中常用的基本数字调制方法——键控法,主要有幅移键控(简称 ASK)、频移键控(简称 FSK)、相移键控(简称 PSK)、正交调幅(简称 QAM)。

其中,QAM 效率最高,也是现在绝大多数调制解调器采用的技术。为简化射频标签设计并降低成本,多数射频识别系统采用 ASK 调制方式。

数字调制方法如下。

(1) 幅移键控 ASK:利用载波的幅度变化来传递数字信号,是对载波的幅度进行键控。一般来说,载波信号的不同幅值代表二进制的 1 和 0。目前电感耦合 RFID 系统常采用 ASK 调制方式。

(2) 频移键控 FSK:利用载波的频率变化来传递数字信号,是对载波的频率进行键控。一般来说,载波信号的两种不同频率用来表示二进制数的 1 和 0。

(3) 相移键控 PSK:利用载波的相位变化来传递数字信息,是对载波的相位进行键控。一般来说,载波的初始相位的两种状态变化分别表示二进制数的 1 和 0。

(4) 正交调幅 QAM:将两种调幅信号汇合到一个信道的方法,因此会双倍扩展有效带宽。

与其他调制技术相比,QAM 具有充分利用带宽、抗噪声能力强等优点。

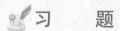 习　　题

一、选择题

1. 在曼彻斯特编码中,一个二进制数分为(　　)个位发送。

    A. 1   B. 2   C. 3   D. 4

2. 下列关于调制和编码的说法中正确的是(　　)。

    A. 模拟数据适合调制成模拟信号进行传输

    B. 数字数据适合调制成数字信号进行传输

    C. 无论是模拟或数字数据,都可以既用模拟信号传输又用数字信号传输

    D. 调制是将模拟数据变化成模拟信号的方法,编码是将数字数据变化成数字信号的方法

3. 为简化射频标签设计并降低成本,目前多数 RFID 系统采用的调制方法是(　　)。

    A. ASK   B. PSK   C. FSK   D. 副载波调制

二、简答题

结合 RFID 系统通信模型(图 2-3-16),试分析系统的发送设备和接收设备分别是什么?

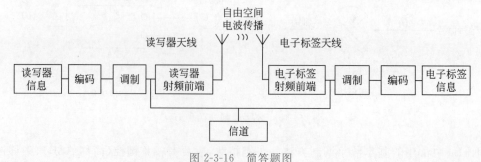

图 2-3-16　简答题图

任务思考

任务 2.4　RFID 门禁系统的设计与实现

【学习目标】
（1）掌握 RFID 项目的分析步骤；
（2）掌握门禁系统的一般技术需求；
（3）掌握门禁系统的一般技术方案。

【知识点】
（1）门禁系统应用的项目背景；
（2）传统门禁和现代门禁的差异；
（3）门禁系统的功能；
（4）门禁系统相应子系统使用的核心技术。

　　随着时代的不断进步，咨询文化愈加发达，知识经济现象日益显著，图书馆已成为咨询服务的要地。国家级的图书馆，藏书达到亿册，不少高校或大中型城市的图书馆藏书也有百万册之多。目前还流行社区级别的微型图书馆，主要以绘本馆的方式呈现，服务于地方儿童的学习交流。而这些图书的借阅、归还、收藏、摆放，给图书管理员带来了大量工作，而如何优化这些工作流程，让图书管理员从烦琐的工作中解放出来，就显得尤为重要。利用 RFID 技术实现图书馆智慧管理，可以极大地减轻图书管理员的工作，同时给读者带来更便捷的体验。

2.4.1　项目背景

　　图 2-4-1 为某城市的新建图书馆，是该城市的标志性建筑，也是城市居民平时休闲娱乐的聚集地。因此，开馆以后，该图书馆的人流量会非常大，同时人员结构也比较复杂，对门禁系统的安全管理要求极高。

图 2-4-1　某城市的新建图书馆

2.4.2 需求分析

由于图书馆规模变大,书籍变多,导致人流量上升,查找、归还、盘点图书的工作量加大等问题,按照传统思维,不增加工作人员是不行的。所以,需要运用新技术代替人工需求,比如增加机器人作为引导员、盘点员等。同时,公共服务多元文化交汇给安全带来更高的需求,随着人员结构的复杂性增大,安全隐患会更高。所以,需要增强整个图书馆的安全防范,不仅需要完善传统的规章制度,还需增加相应的硬件设施(如门禁系统等),确保安全可靠。

针对上述内容,门禁系统的具体需求如下。

1. 门禁系统信息录入平台(前端)

读者身份识别:运用现有技术(如 RFID 电子标签)对每位读者进行身份识别,根据电子标签并结合图像识别技术,对读者进行更好的管理,为图书馆提供安全保障。

读者借阅图书:图书借阅环节,对传统的人工扫码方式进行改进,通过 RFID 电子标签实现自动读取,用无人操作或者读者自己操作代替传统人工操作,这样可大大减轻工作人员的工作。同时,读者借阅图书的信息也会及时更新到数字大脑。

读者安全检查:由于进入图书馆的人员结构复杂,需要采用严格的安全检查标准,通过智能化设备和门禁系统配合使用,排除人员安全隐患。

读者归还图书:该功能需求与读者借阅图书一样,运用现代化技术手段实现无人操作。可以增加机器人引导员,读者将需要归还的书籍通过 RFID 电子标签告知机器人,然后机器人引导读者到指定的地点归还书籍。如果机器人能够实现书籍摆放功能,读者只需归还给机器人即可。

2. 门禁系统信息管理平台(后端)

数据实时监测:实时监测每天进、出图书馆的人员数量、健康状态等信息,确保整个图书馆安全运行。

图书借还管理:通过图书输入的借、还信息,确保馆藏书籍的准确性,这样读者可以通过手机 App、网页浏览器、微信小程序等方式获取到图书信息,给读者借、还图书提供方便。还可以开通预约图书功能,使图书借、还流程更加高效合理,提高图书的流动性。

安全管理:通过读者信息的提取,以及进、出图书馆的身份识别信息,更好地管理图书馆。如遇突发的通知信息,通过读者信息平台可以高效交流,给安全运行增加保障。

3. 门禁系统服务升级平台(服务)

自助式服务引入:进入图书馆时,有自助式机器人服务,避免因排队等引起不必要的时间浪费。

图书快速盘点:让读者第一时间了解图书状态,确保图书馆书籍的库存可见性。

其他可行的服务:在线预约书籍、新书推荐、活动推荐等。

2.4.3 系统设计

根据上述需求,整个系统框架图如图 2-4-2 所示。感知层由 RFID 识别系统、图像识别系统、机器人导航系统等组成;网络层分为有线网络和无线网络,固定在门口的门禁读卡系统采用有线网络,机器人导航采用无线网络;应用层主要包括读者和书籍的信息管理系统、读者进行图书查询的前端操作软件、工作人员对书籍和读者信息的管理软件。

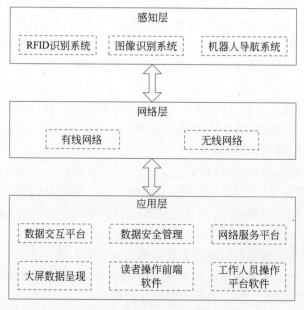

图 2-4-2　门禁系统框架图

1. 电子标签代替条形码

传统的图书都是人工采用扫描条形码的方式录入系统,要耗费大量人力。而采用电子标签的方式能让图书真正实现智能互动。电子标签可以通过读卡器,利用智能化设备在无人操作的情况下读取书籍信息,大大节省人力成本。RFID 技术在图书馆的应用相当广泛,国内已有多家公司投入大量资源从事该项事业,这为国内图书馆改造提供了技术保障。

图 2-4-3 所示针对图书馆管理的电子标签。在识别电子标签时,读卡器不断发出 13.56MHz 的电磁波,电子标签通过天线识别该电磁波进行身份确认;同时,给每位读者分配一个电子标签,当读者进出图书馆时也能实现自动识别,进而为人员管理带来方便。

天线尺寸:45mm×45mm
匹配芯片:I CODE SLIX
应用于:图书馆

图 2-4-3　针对图书管理的电子标签

2. 一个平台软件代替分功能软件

设计门禁系统管理软件,将读者管理、书籍管理集中,这样工作人员和读者能够更加快捷高效地获取信息资源,大大提高管理效率。

3. 运用人工智能技术

门禁系统将运用人工智能技术用机器人代替人工工作。比如,机器人在识别图书和读者时,结合 RFID 相关技术、图像识别技术,准确识别不同类型的图书和读者信息,进而进行图书分类管理,引导读者选择心仪的书籍;针对读者阅读书籍的习惯,提炼出相关性,进行新书和相关活动的推荐,更好地服务读者。在数据处理过程中,由于数据量大、实时性高,需要高性能处理器的服务及大数据平台的支撑。这些数据平台最重要的就是信息安全,目前国内有多家公司从事该项事业的工作,比如华大恒芯科技,以集成电路设计为核心,专注于安全、自主、可靠、可控的国密级 RFID 芯片研制。

2.4.4　系统实现

门禁系统的设计依据物联网的三层架构,感知层主要采用 RFID 相关技术、门闸的电控技术、智能化设备的自控技术等相关技术;网络层主要采用 Wi-Fi 网络、有线网络;应用层主要针对采用的平台软件,通过 VUE 平台实现前端设计,网页、移动端都可以同步显示操作。图 2-4-4 为门禁系统数据可视化大屏界面,图 2-4-5 为门禁闸机通道现场图。

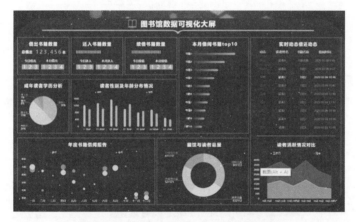

图 2-4-4　门禁系统数据可视化大屏界面

图 2-4-5　门禁闸机通道现场图

针对图书借、还业务,读者可以在服务机器人的指引下自助进行服务,如图 2-4-6 所示。

针对图书安检,多角度、多维度的检测图书状态可确保图书借阅状态的准确性,图 2-4-7 为图书安检系统。

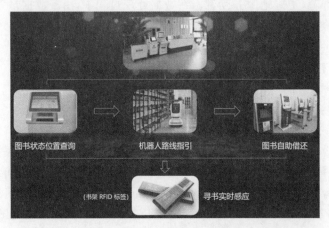

图 2-4-6　图书自助借、还服务

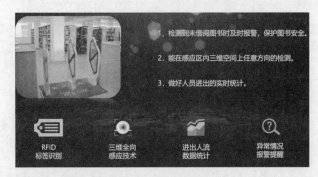

图 2-4-7　图书安检系统

　　为了加速盘点速度以及节省人工,系统将采用机器人主导进行图书盘点工作,人工从旁协助,图 2-4-8 为机器人盘点书籍工作图。

图 2-4-8　机器人盘点书籍工作图

　　在系统管理中,可以进行借还管理、门禁管理、安检管理、盘点管理、人员管理、资产管理、服务管理等工作,图 2-4-9 为针对图书馆的资产管理流程。

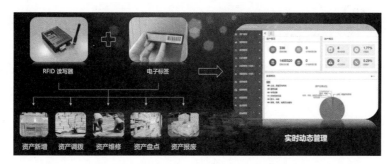

图 2-4-9 图书馆的资产管理流程

为了更好地服务读者,系统也会进行各类活动的推荐,根据读者的兴趣、爱好来推荐相关书籍,图 2-4-10 为最新的民法典活动信息。

图 2-4-10 最新的民法典活动信息

 习　　题

简答题

1. RFID 门禁适用于哪些场合?
2. 简述低频 RFID 系统的标准规范、标签选型、应用场合等。

任务思考

专题 3 RFID智能安全管理系统

任务 3.1 数据校验

【学习目标】

(1) 掌握差错控制编码的作用;

(2) 掌握差错控制常用的基本名词;

(3) 掌握差错控制编码常用的工作方式;

(4) 掌握奇偶校验的工作原理;

(5) 掌握 LRC 校验的工作原理;

(6) 掌握 CRC 校验的工作原理。

【知识点】

(1) 差错控制编码的产生原因;

(2) 差错控制编码的控制方式;

(3) 信息码元和监督码元的定义;

(4) 奇偶校验应用场合及校验算法;

(5) LRC 校验应用场合及校验算法;

(6) CRC 校验应用场合及校验算法。

3.1.1 差错控制编码

在通信过程中,RFID 系统由于存在干扰信号,就会造成一定的误码率。为了降低误码率,需要一种技术,使得在传输过程中的干扰损失降到最低,而差错控制编码技术可以帮助解决这样的问题。

视频——差错
控制编码

为了更好地理解差错控制编码,下面通过一个实例来认识一下。

例如,A 与 B 进行通信,A 给 B 发"ni hao!",B 在收到 A 的正确信息以后回复"ni hao!"如果信息错误,将不发送任何数据。

第一步,"ni hao!"通过 ASCII 表可以查到对应的数据为"6E(n)69(i)20(空格)68(h)61(a)6f(o)33(!)"。

第二步,在信号传输过程中,所有的数据传输只有 0、1 两种方式,所以上述表示的 ASCII 表对应的字母数据为十六进制,转化为二进制,例如,$(6E)_{16} = (0110\ 1110)_2$ 这样就实现了线路上传输的高、低电平信号。

第三步,将二进制数据信号转化为在无线或有线方式传输的电平信号,图 3-1-1 所示为将上面的字母 n 如何变成 6E,进而变成在线路上传输的高、低电平。

图 3-1-1　数字量转变为高、低电平信号图

上述案例在整个变化过程中都会存在信号的干扰,比如在传输字母 n 时,如果一个高电平受干扰影响而变成低电平,这样传输信号失效。同理,在整个传输过程中,由于不止一个字母,如果字母 i 传输出错,其他字母都正确,这时传输信号同样失效。

这里的干扰主要有以下两种。

(1) 由白噪声引起的干扰。白噪声也叫热噪声,它是长时间存在,且频率强度一样的一种随机噪声,由它引起的差错称为随机差错。所谓随机差错,是指当某个码元出错时,与其前、后的码元无关。由于在一般信道中都保证了足够强的信号——白噪声比值,即白噪声相对被传送的信号而言幅值很小,因此由它引起的随机差错相对较少。

(2) 由冲击噪声引起的干扰。它是由特定的短暂的原因造成的,冲击噪声的幅度可以很大,因而它是产生差错的主要原因。由此引起的差错呈突发状,因而称为突发差错。突发差错是某个码元出错受到前、后码元的影响,因而差错是成群产生的。衡量突发差错的一个重要参数是突发长度,即这群有错码的第一个码元到最后一个码元之间的码元个数。突发长度与数据传输速率及冲击噪声持续时间有关。实际上,在信道上产生的差错多为突发差错,也有突发差错和随机差错的混合,虽然可以采取一些有效降噪措施,但不能完全消除噪声的影响,因此数据在信道上传输时总会有差错。差错控制的作用是传输数据出现差错之后,使用某些手段发现某些差错并加以纠正。其最好的办法是对传送的信息或数据进行抗干扰编码,即在信息或数据 1 码元上附加按一定关系产生的冗余码元 f,即所谓的校验码。发送时,将这些数据码元和冗余码元一起发送出去,在接收端检查接收到的数据码元和冗余码元之间的关系是否正确,从而可发现错误,甚至能自动纠正错误。

根据上述案例,就要处理针对一个字母(在 ASCII 编码中,1 个英文字母占用 1 字节)和针对多个字母(多字节)进行防出错处理。后面章节会重点讲解针对单字节的奇偶校验、针对多字节的 LRC 校验、CRC 校验。

1. 信息码元和监督码元

信息码元又称为信息序列或信息位,这是由信源端(发送端)编码后得到的被传送的信息数据比特,通常以 k 表示。由信息码元组成的信息组 M 为($m_{k-1}, m_{k-2}, \cdots, m_0$)。

在二元码情况下,每个信息码元 m 的取值只有 0 或 1,故总的信息码组数共有 2^k 个,即不同信息码元取值的组合共有 2^k 组。

监督码元又称为监督位或附加数据比特,这是为了检测纠正错码而在信道编码时加入的判断数据位。通常以 r 表示,即 $n = k + r$。

经过分组编码后的码又称为(n, k)码,表示总码长为 n 位,其中信息码长(码元数)为 k 位,监督码长(码元数)$r = n - k$。通常称其长为 n 的码字(或码组、码矢)。

例如,在 Modbus 协议的信息码和监督码示例表 3-1-1 中,LRC 校验码为监督码,其他为信息码。在实际传输过程中,针对每字节数据,也有对应的监督码元,一般为 1bit 位,采用奇偶校验方式。

表 3-1-1　信息码和监督码示例表

地址码	功能码	数据	LRC 校验码
0×01 0×00	0×03	0×00	0×04
信息码	信息码	信息码	监督码

2. 差错控制的基本方式

1)重发纠错

重发纠错方式又称为自动请求重发,英文简称为 ARQ,它是由发送端对所发送的序列进行差错编码,接收端根据检验序列的编码规则,判定传输中有无误码,若发现有误码,则利用反向信道要求发送重发的信息,直至接收端认为正确无误为止,从而达到纠正差错的目的。

在检错重发方式中,发送端经编码后发出能够发现错误的码,接收端收到后,如果经检验发现传输中有错误,则通过反向信道把这一判断结果反馈给发送端。然后,发送端把前面发出的信息重新传送一次,直到接收端认为已正确地收到信息为止。

常用的检错重发系统有三种,即停发等候重发、返回重发和选择重发。发送端在 Tw 时间内送出一个码组给接收端,接收端收到后经检测若未发现错误,则发回一个认可信号(ACK)给发送端,发送端收到 ACK 信号后,再发出下一个码组。如果接收端检测出错误,则发回一个否认信号(NAK),发送端收到 NAK 信号后重发前一个码组,并再次等候 ACK 或 NAK 信号。这种工作方式在两个码组之间有停顿时间(Ti),使传输效率受到影响,但由于工作原理简单,在计算机数据通信中仍能得到应用。

在这种系统中发送端无停顿地送出一个又一个码组,不再等候 ACK 信号,一旦接收端发现错误并发回 NAK 信号,则发送端会从下一个码组开始重发前一段 N 组信号,N 的大小取决于信号传递及处理所带来的延时,这种返回重发系统比停发等候重发系统有很大改进,在很多数据传输系统中得到应用。

这种重发系统也是连续不断地发送信号,接收端检测到错误后发回 NAK 信号。与返回重发系统不同的是,发送端不是重发前面的所有码组,而是只重发有错误的那一组。显然,这种选择重发系统传输效率最高,但是它的价格最贵,因为它要求较为复杂的控制,在发送端、接收端都要求有数据缓存器。此外,选择重发系统和返回重发系统都需要全双工的链路,而停发等候系统只要求半双工的链路。

2)前向纠错

前向纠错是发送端在解码时能纠正一定程度传输差错的较复杂的编码方法,使接收端在收到码元后不仅能发现错码,还能够纠正错码。采用前向纠错方式时,不需要反馈信道,也不用因反复重发而延误传输时间,对实时传输有利,但是纠错装置比较复杂。此方法可用于没有反馈通道的单向数字信号的传输。

3）混合纠错

混合纠错方式是前向纠错方式和检错重发方式的结合。在这种系统中,发送端不但有纠正错误的能力,而且对超出纠错能力的错误有检测能力。遇到后一种情况时,通过反馈信道要求发送端重发一遍。混合纠错方式在实时性和译码复杂性方面是前向纠错和检错重发方式折中。

3. 差错控制编码分类

差错控制编码按照差错控制的不同方式,可分为检错码、纠错码和纠删码等;按照误码产生的原因不同,可分为纠正随机错误码和纠正突发性错误码;按照信息码元与附加的监督码元之间的检验关系,可分为线性码与非线性码;按照信息码元与附加监督码元之间的约束方式不同,可以分为分组码和卷积码;按照信息码元在编码之后是否保持原来的形式不变,可分为系统码和非系统码。

在实际运用中,往往是多种方式的编码方式混合,如线性分组码就是信息码元和附加的监督码元之间的检验关系为线性,约束方式为分组形式。

3.1.2　常规校验

从差错控制概念了解,需要处理的就是监督码的实现,而针对监督码,常规使用数据校验技术,该技术是为了保证数据的完整性,用一种规定的算法对原始数据计算得到的一个校验值。接收方用同样的算法计算一次校验值,如果接收方的计算结果与发送方发送的校验值相同,则说明数据是完整的。

视频——奇偶校验

1. 奇偶校验

奇偶校验是一种校验代码传输正确性的方法,主要用于单字节校验,根据被传输的一组二进制代码的数位中"1"的个数是奇数或偶数来进行校验。采用奇数的称为奇校验,反之,称为偶校验。采用何种校验是事先规定好的。通常专门针对1字节设置一个奇偶校验位,用它使这组代码中"1"的个数为奇数或偶数。若用奇校验,则当接收端收到这组代码时,校验"1"的个数是否为奇数,从而确定传输代码的正确性。

例如,传输字符 n,ASCII 值为 6E,其信息码元为

0110,1110=6E

由于干扰,可能使位变为 1,常称这种情况为出现了"误码",这样就有可能出现

1110,1110=EE

常把如何发现传输中的错误称为"检错"。发现错误后,如何消除错误称为"纠错"。最简单的检错方法是"奇偶校验",即在传送字符的各位之外,再传送 1 位奇/偶校验位。

奇校验:所有传送的数位(含字符的各数位和校验位)中,"1"的个数为奇数。

正确方式:0110,1110　　校验位数值为0,1的个数为奇数5。

上述错误码:1110,1110　　校验位数值为1,1的个数为奇数7。这样与发送端发出来的对应不上,则发生传输出错。

偶校验:所有传送的数位(含字符的各数位和校验位)中,"1"的个数为偶数。

正确方式:0110,1110　　校验位数值为1。

上述错误码:1110,1110　　校验位数值为0,这样与发送端发出来的校验位数值1对应不上,则发生传输出错。

如果传输过程中包括校验位在内的奇数个数据位发生改变,那么当奇、偶校验位出错,将表示传输过程中发生错误,只能让发送方重新发送。

如果传输过程中包括校验位在内的偶数个数据位发生改变,将无法检出收到的数据是否有错误。

2. 纵向冗余校验(LRC)

纵向冗余校验(Longitudinal Redundancy Check,LRC)是通信中常用的一种校验形式,也称为 LRC 校验或纵向校验。它是一种从纵向通道上的特定比特串产生校验比特的错误检测方法。在行列格式中(如磁带),LRC 经常是与 VRC 一起使用,这样就会为每个字符校验码。工业领域 Modbus 协议 ASCII 模式采用该算法。

视频——LRC
校验

具体算法如下。

(1) 对需要校验的数据(2n 个字符)两两组成一个十六进制的数值求和。

(2) 将求和结果与 256 求模。

(3) 用 256 减去所得模值得到校验结果(另一种方法:将模值按位取反然后加1)。

例如,十六进制数据:01 A0 7C FF 02。

十六进制计算:

求和　01＋A0＋7C＋FF＋02＝21E

取模　21E％100＝1E

计算　100－1E＝E2

十进制计算:

求和　01＋160＋124＋255＋02＝542

取模　542％256＝30

计算　256－30＝226

3. 循环冗余校验(CRC)

循环冗余校验码(Cyclic Redundancy Check,CRC)是数据通信领域中最常用的一种查错校验码,其特征是信息字段和校验字段的长度可以任意选定。循环冗余校验是一种数据传输检错功能,对数据进行多项式计算,并将得到的结果附在帧的后面,接收设备也执行类似的算法,以保证数据传输的正确性和完整性。

视频——CRC
校验

下面通过一个示例学习关于 Modbus 协议的 CRC-16(目前应用较广)整个工作过程。

(1) 预置 1 个 16 位的寄存器为十六进制 FFFF(即全为 1),称此寄存器为 CRC 寄存器。

(2) 把第一个 8 位二进制数据(通信信息帧的第一字节)与 16 位的 CRC 寄存器的低 8 位相异或,把结果放于 CRC 寄存器。

(3) 把 CRC 寄存器的内容右移一位(朝低位),用 0 填补最高位,并检查右移后的移出位。

(4) 如果移出位为 0,重复步骤(3)(再次右移一位);如果移出位为 1,CRC 寄存器与多项式 A001(1010 0000 0000 0001)进行异或。

(5) 重复步骤(3)和步骤(4),直到右移 8 次,这样整个 8 位数据全部进行了处理。

(6) 重复步骤(2)到步骤(5),进行通信信息帧下一字节的处理。

(7) 将该通信信息帧所有字节按上述步骤计算完成后,得到的 16 位 CRC 寄存器的高、低字节进行交换。

(8) 最后得到的 CRC 寄存器内容即为 CRC 码。

根据上述步骤,C 语言实现的代码如图 3-1-2 所示。

```
1   #include "stdafx.h"
2
3   typedef unsigned char uint8_t;
4   typedef unsigned short uint16_t;
5   typedef unsigned long uint32_t;
6   typedef int int32_t;
7
8   const uint16_t polynom = 0xA001;
9
10  uint16_t crc16bitbybit(uint8_t *ptr, uint16_t len)
11  {
12      uint8_t i;
13      uint16_t crc = 0xffff;
14
15      if (len == 0) {
16          len = 1;
17      }
18      while (len--) {
19          crc ^= *ptr;
20          for (i = 0; i<8; i++)
21          {
22              if (crc & 1) {
23                  crc >>= 1;
24                  crc ^= polynom;
25              }
26              else {
27                  crc >>= 1;
28              }
29          }
30          ptr++;
31      }
32      return(crc);
33  }
```

图 3-1-2 CRC-16 程序代码

首先,置 CRC 寄存器位为 0XFFFF;然后,根据字节长度进行相应单字节移位异或运算;当一字节结束以后,下一字节依次异或运算;最终实现整个 CRC 运算过程,获得 CRC 结果,进行结果返回。

上述是 CRC-16 从理论工作流程到代码实现的流程,下面学习应用于 Modbus-RTU 的调试工具,该工具就是采用 CRC-16 校验,目前大量使用在建筑楼宇智能化方面。图 3-1-3 中的 7D C8 就是数据 01 01 00 00 00 07 的最终 CRC-16 运算结果。

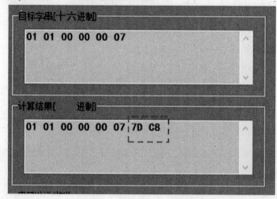

图 3-1-3 CRC-16 校验结果图

针对 CRC 校验,除了 CRC-16,还有 CRC-32、CRC-12 等。

 习　　题

一、判断题

1. RFID 编码是信道编码。　　　　　　　　　　　　　　　　　　　　　　　（　　）

2. 保密编码是为了使信息在传输过程中不易被人窃译而进行的编码。　　　　（　　）

3. 每个标签具有唯一的电子编码。　　　　　　　　　　　　　　　　　　　（　　）

4. 信源解码是信源编码的逆过程。　　　　　　　　　　　　　　　　　　　（　　）

5. 为了保证系统的正常工作,信道编码方式首先必须保证不能中断读写器对电子标签的能量供应。　　　　　　　　　　　　　　　　　　　　　　　　　　　　　　　（　　）

二、简答题

文中提到的校验方式还能用在哪些场合?

任务思考

任务 3.2　通信接口

【学习目标】

(1) 了解串行通信与并行通信的区别,理解串行通信的原理;

(2) 了解同步通信和异步通信的区别;

(3) 了解常用的通信接口类型;

(4) 了解 RS-232 串行通信接口;

(5) 理解 UART 数据传输格式;

(6) 了解 RS-485 通信标准;

(7) 了解 Modbus 通信协议;

(8) 理解 CAN 总线网络拓扑和 CAN 总线报文信号电平。

【知识点】

(1) 串行通信与并行通信;

(2) 异步通信和同步通信;

(3) 常用的通信接口类型;

(4) RS-232 串行通信接口;

(5) UART(通用异步收发传输器);

(6) RS-485 总线;

(7) Modbus 通信协议;

(8) CAN 总线;

(9) CAN 总线报文信号电平。

3.2.1　通信接口概述

简单地说,通信就是两个人之间的沟通,也可以说是两个设备之间的数据交换。

终端与其他设备(如其他终端、计算机和外部设备)通过数据传输进行通信,接口是实现这种数据通信信号线的重要连接装置,图 3-2-1 为通信接口示意图。

视频——通信
接口概述

图 3-2-1　通信接口

所谓标准接口,是指明确定义若干信号线,使接口电路及接口外形都标准化、通用化的物理接口。借助标准接口,才能使需要进行数据通信的不同类型的设备很容易地连接在一起,实现串行通信和并行通信。

1. 串行通信与并行通信

1)串行通信

一条信息的各位数据被逐位按顺序传送的通信方式称为串行通信。串行通信作为计算机通信方式之一,主要起到主机与外设以及主机之间的数据传输作用。串行通信的特点是传输线少、成本低、数据传送效率低。串行通信的距离可以是几米到几千米不等。

串行通信的主要优点是节省传输线,这是显而易见的,尤其是在远程通信时,此特点尤为重要。串行通信的主要缺点是数据传送效率低,与并行通信相比,这也是显而易见的。例如,当传送1字节时,串行通信一次只能发送一位,要发送8次才能发送1字节。

串行通信又分为异步通信和同步通信两种方式,如图3-2-2所示。RFID相关应用中主要使用异步通信方式。

图 3-2-2　串行通信的分类

在串行通信中,两个设备之间通过一对信号线进行通信,其中一根为信号线,另外一根为信号地线,信号电流通过信号线到达目标设备,再经过信号地线返回,构成一个信号回路。

了解了串行通信的概念,就很容易理解串口了。串口是串行接口的简称,也称为串行通信接口或COM接口。

2)并行通信

对于并行通信,通信时数据的各个位同时传送,可以实现以字节为单位通信,但是通信线多,占用资源多,成本高。并行接口(与其相对应的串行接口相比)具有传输速度快、效率高等优点;但由于所用电缆多,在长距离传输时,电缆的损耗、成本及相互之间的干扰会成为突出的问题。所以,并行接口一般适用于数据传输率较高而传输距离较短的场合。

2. 通信类型

通信类型主要有以下三种。

(1)单工通信:只允许一方向另外一方传送信息,另一方不能回传信息,比如电视遥控器、收音机、广播等。

(2)半双工通信:数据可以在双方之间传播,同一时刻只能由其中一方发送给另外一方,比如对讲机就是典型的半双工通信。

(3)全双工通信:发送数据的一方也能够接收数据,两者同步进行,比如电话通信。

3. 常用的通信接口类型

常用的通信接口有 RS-232、RS-422、RS-485、USB、CAN 总线、WLAN 等,如图 3-2-3 所示。

(a) RS-232   (b) RS-485   (c) WLAN

图 3-2-3　常用的通信接口类型

1）RS-232

RS-232 是个人计算机上的通信接口之一,是由电子工业协会(EIA)制定的异步传输标准接口。通常 RS-232 接口以 9 个引脚(DB-9)或 25 个引脚(DB-25)的形态出现,常用的一般是 9 个引脚。

一般来说,个人计算机上会有两组 RS-232 接口,分别称为 COM1 和 COM2。COM 口是个人计算机上异步串行通信口的简写。由于历史原因,IBM 的 PC 外部接口配置为 RS-232,成为实际上的 PC 界默认标准。所以,现在 PC 的 COM 口均为 RS-232。

2）RS-422

RS-422 由 RS-232 发展而来,它是为弥补 RS-232 的不足而产生的。为改进 RS-232 抗干扰能力差、通信距离短、速率低的缺点,RS-422 定义了一种平衡通信接口。与 RS-232 相比,RS-422 的通信速率和传输距离都有了很大的提高。

3）RS-485

RS-485 是在 RS-422 的基础上发展而来的,目的是扩展应用范围。相比 RS-422,RS-485 增加了多点、双向通信能力,既允许多个发送器连接到同一条总线上,同时增加了发送器的驱动能力和冲突保护特性,扩展了总线共模范围。在 RS-485 通信网络中,一般采用主从通信方式,即一个主机带多个从机。

4）USB

USB 是在 1994 年年底由英特尔、康柏、IBM、Microsoft 等多家公司联合提出的。USB 即通用串行总线,是一个外部总线标准,用于规范计算机与外部设备的连接和通信。USB 是应用在 PC 领域的接口技术。图 3-2-4 所示是 USB 接口示意图,USB 接口支持设备的即插即用和热插拔功能。

图 3-2-4　USB 接口

5) CAN 总线

CAN 是控制器局域网络的简称,是由以研发和生产汽车电子产品著称的德国博世公司开发的,并最终成为国际标准,是国际上应用最广泛的现场总线之一。CAN 的高性能和可靠性已被人们认同,并被广泛地应用于工业自动化、船舶、医疗设备、工业设备等方面。

3.2.2 RS-232 串行通信接口

1. 同步通信和异步通信

串行通信分为同步通信和异步通信。

通信方式的分类与对比如图 3-2-5 所示。

同步通信的特点是进行数据传输时,发送方和接收方要保持完全同步,因此,要求接收和发送设备必须使用同一时钟。其优点是可以实现高速度、大容量的数据传送;缺点是要求发送时钟和接收时钟保持严格同步,同时同步通信的硬件复杂,双方时钟的允许误差较小。

视频——RS-232
串行通信接口

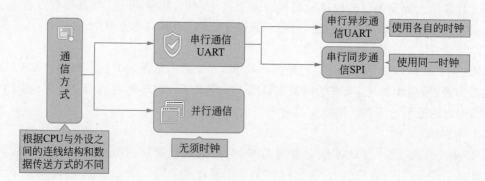

图 3-2-5　通信方式的分类与对比

异步通信中的接收方并不知道数据什么时候会到达,收、发双方可以有各自的时钟。发送方发送的时间间隔可以不均,接收方是在数据的起始位和停止位的帮助下实现信息同步的。异步通信的好处是通信设备简单、便宜;缺点是信道利用率较低(因为开始位和停止位的开销所占比例较大),但随着光网络的发展,这些已不是根本问题。

同步通信与异步通信的不同点是同步通信只适用于点对点,异步通信可用于点对多点。RS-232 就属于串行异步通信。

下面通过送快递的例子来通俗地解释同步通信和异步通信。

同步通信就是快递员把快递面对面交给你,送和取是同步完成的,但双方都需要在同一时间内反应,否则会造成另一方阻塞从而等待。

异步通信就是快递员把快递放在门卫处或快递柜,快递需要你自己去取,中间不是同步完成的。

2. UART

1) UART 简介及接口标准

UART(通用异步收发传输器)是在读取 RFID 卡信息时,将卡信息数据从阅读器上传到 PC 端的一种硬件接口和协议。UART 是一种通用串行数据总线,用于异步通信。该总线双向通信,可以实现全双工传输和接收。

UART 协议有很多接口标准,具体可以分为 RS-232、RS-422、RS-423、RS-485 等。其中,用得最多的是 RS-232 接口标准。

2）UART 数据传输格式

UART 数据传输格式如图 3-2-6 所示。

起始位:先发出一个逻辑 0 信号,表示传输字符的开始。

数据位:可以是 5～8 位逻辑 0 或 1。

校验位:双方根据约定用来对传送数据的正确性进行检查。

停止位:一个字符数据的结束标志。可以是 1 位、1.5 位、2 位的高电平。

空闲位:处于逻辑"1"状态,表示当前线路上没有资料传送。

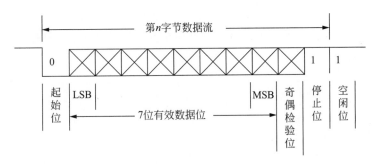

图 3-2-6　UART 数据传输格式

3. RS-232

1）RS-232 简介

目前,RS-232 已成为数据终端设备(如计算机)和数据通信设备(如调制解调器)的接口标准。这个标准对串行通信接口的有关问题(如电平信号、信号线功能、电气特性、机械特性等)都做了明确规定。

利用 RS-232 串行通信接口可以实现两台个人计算机的点对点通信。通过 RS-232 接口可与其他外设(如打印机、逻辑分析仪、智能调节仪、PLC 等)近距离串行连接。

通过 RS-232 接口连接调制解调器,可远距离地与其他计算机通信。

将 RS-232 接口转换为 RS-422 或 RS-485 接口,可实现一台个人计算机与多台现场设备之间的通信。

2）RS-232 接口连接器

由于 RS-232 并未定义连接器的物理特性,因此出现了 DB-25 和 DB-9 各种类型的连接器,其引脚的定义也各不相同,如图 3-2-7 所示。

现在计算机上一般只提供 DB-9 连接器。

DB-9 连接器只提供异步通信的 9 个信号引脚。

每只针脚都有它的作用,也有它的信号流动方向。从功能上看,全部信号线分为三类,即数据线(TxD、RxD)、地线(GND)和联络控制线。

信号流动是有方向的。那么,数字的输入和输出的关系是什么呢?从工业应用角度来看,输入就是用来监测的,输出就是用来控制的。

(a) DB-9(9针)   (b) DB-25(25针)

图 3-2-7   DB-9 和 DB-25 连接器

3) RS-232 接口电气特性

RS-232 对电气特性、逻辑电平和各种信号线功能都做了规定,如图 3-2-8 所示。

在数据线(TxD、RxD)上:逻辑 1 为－15～－3V,逻辑 0 为＋3～＋15V。

在控制线上,信号有效为＋3～＋15V,信号无效为－15～－3V。

以上规定说明了 RS-232 标准对逻辑电平的定义。RS-232 的最大通信距离为 15m,只能进行一对一的通信。

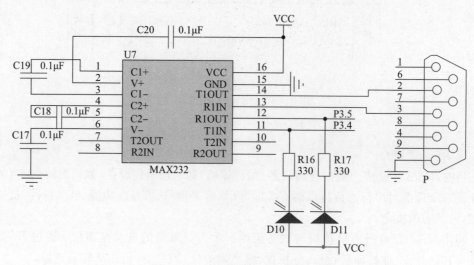

图 3-2-8   RS-232 接口电气特性

3.2.3   RS-485 总线

1. 总线

1) 现场总线

20 世纪 80 年代中后期,随着计算机通信及模块化集成等技术的发展,出现了现场总线控制系统。按照国际电工委员会定义,现场总线是应用在制造或过程区域现场装置与控制室内自动控制装置之间的数字式、串行、多点通信的数据总线。它也被称为开放式、数字化、多点通信的底层控制网络。图 3-2-9 为现场总线。以现场总线为技术核心的工业

视频——RS-
485 总线

控制系统称为现场总线控制系统 FCS。

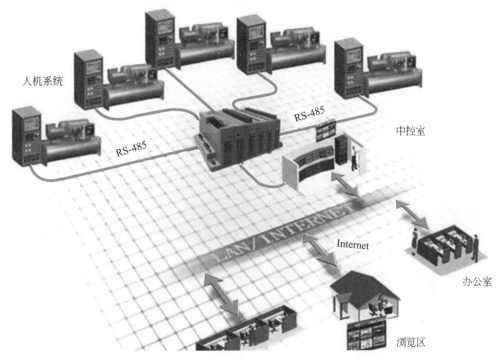

图 3-2-9　现场总线

2）总线在计算机与嵌入式领域

在计算机领域，总线最早是指汇集在一起的多种功能的线路。经过深化与延伸之后，总线是指计算机内部各模块之间或计算机之间的一种通信系统，涉及硬件和软件。总线被引入嵌入式系统领域后，它主要用于嵌入式系统的芯片级、板级和设备级的互联，如图 3-2-10 所示。

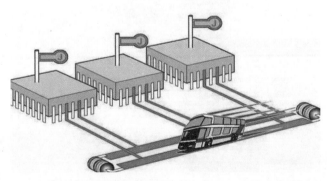

图 3-2-10　计算机与嵌入式领域的总线

3）总线的分类

在总线的发展过程中，有多种分类方式，如图 3-2-11 所示。

（1）按照传输速率分类，总线可分为低速总线和高速总线。

（2）按照连接类型分类,总线可分为系统总线、外设总线和扩展总线。

（3）按照传输方式分类,总线可分为并行总线和串行总线。

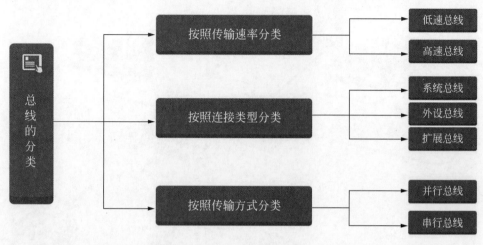

图 3-2-11　总线的分类

其中,RS-485 属于串行总线。

2. RS-485 通信标准

RS-485 增加了多点、双向通信能力。如图 3-2-12 所示,在 RS-485 通信网络中,一般采用的是主从通信方式,即一个主机带多个从机。

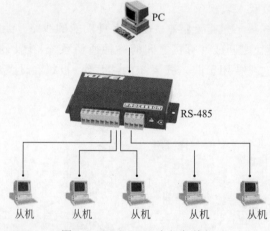

图 3-2-12　RS-485 主机与从机

RS-485 的特点如下。

（1）RS-485 的接口信号电平比 RS-232 降低了,因此不易损坏接口电路的芯片;且该电平与 TTL 电平兼容,便于与 TTL 电路连接。

（2）RS-485 的数据最高传输速率为 10Mbps。其平衡双绞线的长度与传输速率成反比,在 100kbps 传输速率以下,才可能使用规定最长的电缆长度。只有在很短的距离下,才能获得最高的传输速率。一般 100m 长的双绞线的最大传输速率仅为 1Mbps。因为 RS-

485 接口组成的半双工网络一般只需两根连线,所以 RS-485 接口均采用屏蔽双绞线传输。

(3) RS-485 接口是采用平衡驱动器和差分接收器的组合,抗共模干扰能力增强,即抗噪声干扰性好。抗干扰性能大大高于 RS-232 接口,因而通信距离远,RS-485 接口的最大传输距离大约为 1200m,实际上可达 3km。

(4) RS-485 接口在总线上允许连接多达 128 个收发器,即具有多站能力,这样用户可以利用单一的 RS-485 接口方便地建立设备网络。

RS-485 总线工业应用成熟,而且已有大量的工业设备均提供 RS-485 接口。因此,时至今日,RS-485 总线在工业应用中具有十分重要的地位。

3. Modbus 通信协议

1) RS-485 和 Modbus 的关系

RS-485 不能称为通信协议,只能称为通信电气标准,只对接口的电气特性做出相关规定,却并未对插件、电缆和通信协议等进行标准化。Modbus 是基于 RS-485 总线的应用层通信协议。

2) Modbus 通信协议

Modbus 通信协议是全球第一个真正用于工业现场的总线协议,完全免费。

Modbus 通信协议是应用于电子控制器上的一种通用协议,目前已成为通用工业标准。

Modbus 使不同厂商生产的控制设备可以连成工业网络,进行集中监控。

Modbus 支持多种电气接口,如 RS-232、RS-485 等,还可以在各种介质上传输,如双绞线、光纤、无线等。

Modbus 是一种单主/多从的通信协议,即在同一时间里,总线上只能有一个主设备,但可以有一个或多个(最多 247 个)从设备。

在 Modbus 网络中,主设备向从设备发送 Modbus 请求报文的模式有两种:单播模式与广播模式。

单播模式是指主设备寻址单个从设备。

广播模式是指主设备向 Modbus 网络中的所有从设备发送请求报文,从设备接收并处理完毕,不要求返回响应报文。

3.2.4　CAN 总线

1. CAN 总线的起源

CAN 是控制器局域网络的简称,是由以研发和生产汽车电子产品著称的德国博世(BOSCH)公司于 1983 年成功开发,并最终成为国际标准,是国际上应用最广泛的现场总线之一。CAN 总线协议已经成为汽车、计算机控制系统和嵌入式工业控制局域网的标准总线。

在汽车产业中,出于对安全性、舒适性、方便性、低功耗、低成本的要求,各种各样的电子控制系统不断涌现。由于这些系统之间通信所用的数据类型及其对可靠性的要求不尽相同,由多条总线构成的情况很多,线束的数量也随之增加。为适应"减少线束的数量",以及"通过多个局域网进行大量数据的高速通信"的需要,20 世纪 80 年代德国电气商博

视频——CAN 总线

世公司开发出面向汽车的 CAN 通信协议。这就是 CAN 总线的起源。

2. CAN 总线的应用领域

近年来,由于 CAN 总线具备高可靠性、高性能、功能完善和低成本等优势。其应用领域已从最初的汽车工业慢慢渗透到航空工业、安防监控、楼宇自动化、工业控制、工程机械、医疗器械等领域。如图 3-2-13 所示,当今的酒店客房管理系统集成了门禁、照明、通风、加热和各种报警安全监测等设备,这些设备通过 CAN 总线连接在一起,形成各种执行器和传感器的联动,这样的系统架构为用户提供了实时监测各单元运行状态的可能性。

图 3-2-13 CAN 总线的应用

3. CAN 总线的优点

CAN 总线有很多优点。

(1) 数据传输距离远(最远 10km)。

(2) 数据传输速率高(最高数据传输速率 1Mbps)。

(3) 具有优先权和仲裁功能,多个控制模块通过 CAN 控制器挂到 CAN-Bus 上,形成多主机局部网络。

(4) 采用非破坏性仲裁技术,当两个节点同时向网络上传送数据时,优先级低的节点主动停止数据发送,而优先级高的节点可不受影响继续传输数据,有效避免了总线冲突。

(5) 使用筛选器,可实现点对点、一对多及广播集中方式传送和接收数据。

(6) 具备错误检测与处理功能以及数据自动重发功能。

(7) 故障节点可自动脱离总线,且不影响总线上其他节点的正常工作。

4. CAN 总线标准

CAN 通信有两个标准:ISO 11898 和 ISO 11519。ISO 11898 标准的 CAN 数据传输速率为 125kbps~1Mbps,适用于高速通信应用场景;ISO 11519 标准的 CAN 通信数据传输速率在 125kbps 以下,适用于低速通信应用场景。

5. CAN 总线网络拓扑

图 3-2-14 是 CAN 总线的网络拓扑与节点硬件构成。图中展示的 CAN 总线网络拓扑包括两个网络。其中一个是遵循 ISO 11898 标准的高速 CAN 总线网络(传输速率为 500kbps),另一个是遵循 ISO 11519 标准的低速 CAN 总线网络(传输速率为 125kbps)。高速 CAN 总线网络应用在汽车动力与传动系统,它是闭环网络,总线最大长度为 40m,要求两端各有一个 120Ω 的电阻。低速 CAN 总线网络应用在汽车车身系统,它的两根总线是独立的,不形成闭环,要求每根总线上各串联一个 2.2kΩ 的电阻。终端电阻用来做阻抗匹配,以减少回波反射。

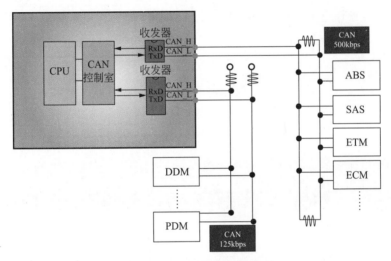

图 3-2-14 CAN 总线网络拓扑

6. CAN 总线报文信号电平

总线上传输的信息称为报文。总线规范不同,其报文信号电平标准也不同。CAN 点线的 ISO 11898 标准和 ISO 11519 标准在物理层的定义有所不同,它们的信号电平标准也不同。总线上的报文信号使用差分电压传送。ISO 11898 标准的 CAN 总线信号电平标准如图 3-2-15 所示,实线与虚线分别表示 CAN 总线的两条信号线 CAN_H 和 CAN_L。静态时,两条信号线上电平电压均为 2.5V 左右,电压差为 0V,此时的状态表示逻辑 1(或称隐性电平状态)。当 CAN_H 上的电压值为 3.5V,且 CAN_L 上的电压值为 1.5V 时,两线的电位差为 2V,此时的状态表示逻辑零(或称显性电平状态),也就是显性电平具有优先权,只要有一个单元输出显性电平,总线上即为显性电平。逻辑 1,也就是隐形电平则具有包容的意味,只有所有的单元都输出隐性电平,总线上才为隐性电平。

7. CAN 总线传输介质

CAN 总线可以使用多种传输介质,常用的有双绞线、同轴电缆和光纤。选择 CAN 总线的传输介质时,有以下注意事项。第一,物理介质必须支持显性状态和隐性状态。同时,

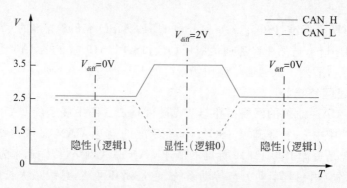

图 3-2-15 CAN 总线报文信号电平

在总线仲裁时,显性状态可支配隐性状态。第二,双线结构的总线必须使用终端电阻抑制信号反射,并且采用差分信号传输,以减弱电磁干扰的影响,第三,使用光学介质时,隐性电平通过状态暗表示,显性电平通过状态亮表示。第四,同一段 CAN 总线网络必须采用相同的传输介质。

 习 题

判断题

1. RS-485 传输距离比 RS-232 传输距离远。 ( )

2. CAN 总线属于现场总线。 ( )

3. CAN 总线采用双线并行通信方式,检测能力强,可在高噪声干扰环境中工作。

( )

任务思考

任务 3.3　系统隐私与安全防范

【学习目标】

(1) 掌握数据信息安全攻击的手段；

(2) 掌握隐私安全的分类；

(3) 掌握 RDIF 信息安全的需求；

(4) 掌握针对 RFID 信息安全需求的解决方案。

【知识点】

(1) RFID 系统安全与隐私产生的源头；

(2) RFID 信息安全的攻击方式；

(3) RFID 信息安全的解决方案。

RFID 系统的数据信息安全是指数据信息的硬件、软件及数据受到保护，不受偶然或恶意破坏、更改、泄露。它是一门涉及计算机科学、网络技术、通信技术、密码技术、信息安全技术、应用数学等多种学科的综合学科。RFID 系统包括 RFID 标签、RFID 读写器和 RFID 数据处理系统三部分，RFID 系统中安全和隐私问题存在于信息传输的各个环节。

RFID 系统的安全隐私问题主要集中在 RFID 标签与读写器之间，目前电子标签比传统条形码来说安全性有了很大提高，但是 RFID 电子标签也面临着一些安全威胁，主要表现为标签信息的非法读取和标签数据的恶意篡改。电子标签所携带的标签信息也会涉及物品所有者的隐私信息。电子标签的隐私威胁主要有跟踪隐私和信息隐私。

RFID 系统的数据安全威胁主要是指 RFID 标签数据在传递过程中受到攻击。被非法读取、克隆、篡改和破坏，这些给 RFID 系统带来严重影响。RFID 与网络的结合是 RFID 技术发展的必然趋势，将 RFID 技术与互联网融合，推动 RFID 技术在物流等领域实现更广阔的应用。随着 RFID 与网络的融合，网络中常见的信息截取和攻击手段都会给 RFID 系统带来潜在的安全威胁。

保障 RFID 系统安全时，需要有较为完备的 RFID 系统安全机制做支撑。现有 RFID 系统安全机制采用的方法主要有三大类：物理安全机制、密码机制、物理安全机制与密码机制相结合。物理安全机制主要依靠外加设备或硬件功能解决 RFID 系统的安全问题，而密码机制则是通过各种加密协议从软件方面解决 RFID 系统的安全问题。

下面针对 RFID 数据信息安全问题，从两个方面进行分析，一是问题的方式及来源；二是针对问题如何解决。

3.3.1　RFID 的安全与隐私问题

一个完整的 RFID 系统由三部分组成：电子标签、读卡器和应用软件。图 3-3-1 所示为医院药品管理的 RFID 系统。从该系统中可以发现以下几个问题：一是物品通过读卡器时完全暴露在空间中，这时物品非常容易遭受安全攻击；二是当数据通过读卡器传输给应用系统时,如果这时有人窃取其中的数据信息或者篡改数据,将会给整个物品管理带来巨大挑战。

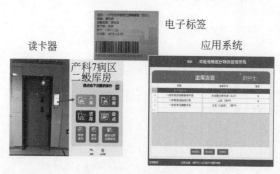

视频——RFID
的安全和隐私
问题

图 3-3-1　医院药品管理的 RFID 系统

从上述的案例可知,数据信息安全是一个 RFID 系统的重要指标,按数据信息安全的方式主要分为两大类:安全攻击和隐私泄露。

1. 安全攻击

RFID 应用系统面临的主要攻击手段有两种:主动攻击和被动攻击。

主动攻击可以分别从硬件方面和软件方面来实现。硬件方面主要是利用物理手段对目标电子标签进行重构攻击。主要手段有假冒电子标签,也可以假冒阅读器,伪造电子标签以产生系统认可的"合法用户标签",以干扰系统正常工作、窃听或篡改相关信息,或利用合法用户的丢失标签假冒合法用户使用来攻击系统。

而软件方面可以利用非法阅读器对 RFID 电子标签进行扫描,利用它还可以响应合法阅读器的探询,从中获得安全协议、加密算法及其实现的弱点等,再以删除或者篡改电子标签的内容来进行攻击。主要手段是:通过复制他人电子标签信息来达到代替其他标签获取各种好处的目的;篡改空中接口数据或者标签数据;利用以前的合法通信数据记录下来,然后重放出来以欺骗标签或阅读器;针对 RFID 的空中接口实施拒绝服务;有时投放病毒进行攻击系统,让系统瘫痪。

被动攻击主要是利用窃听技术,分析通信时 RFID 设备产生的各种电磁特征,从而获得设备间的通信数据。被动攻击不修改数据,而是获得系统中的敏感信息,通过对电子标签与阅读器之间的无线信道的窃听,攻击者可以获得电子标签中的数据,分析出大量有价值的信息。

无论是主动攻击还是被动攻击,都会使 RFID 应用系统面临巨大的安全威胁。

2. 隐私泄露

对于隐私主要分为两种,一个是隐私,一个是隐私权。隐私定义为:"一种与公共利益、群众利益无关的,当事人不愿他人干涉的个人私事,以及当事人不愿他人侵入或不便侵入的个人领域。"隐私权定义为:"公民享有的私人生活安宁与私人信息依法受到保护,不被他人侵扰、知悉、搜查、利用和公开的一种人格权。"隐私权的主体是自然人,隐私是隐私权的客体,隐私的内容随着时代的发展和技术的进步在不断地扩展。隐私保护与信息安全有一定的联系,信息安全可以简单地理解为数据的机密性、完整性和可用性,而隐私保护可以认为是数据机密性的一种具体体现;隐私保护与信息安全也有一定的区别,安全问题通常可以进行客观判断,而隐私问题与不同的用户个体紧密相关。

　　RFID 应用系统的隐私问题主要来自两个方面:一方面是电子标签信息泄露问题;另一方面是通过电子标签进行恶意追踪问题。

　　信息泄露是指电子标签的用户或者识别对象相关的信息暴露了,如果电子标签上加载了个人信息等较私密的信息时,那么个人隐私将会遭到极大的危害。

　　RFID 应用软件系统后端存在数据库,电子标签本身并不需要携带大量的信息,而只需要提供简单的标识符,就可以被人们利用去访问数据库以获得详细的资料信息。所以,攻击者可以在不同的时间和不同的地点通过识别标签来对标签定位,从而进行恶意追踪,进而在数据库中提取个人及系统的隐私信息。

3.3.2　安全的解决方案

1. 安全需求

　　针对 RFID 的安全问题,可以提炼出下面几大安全需求:机密性、完整性、可用性、真实性和隐私性。

视频——RFID
的安全解决
方案

　　(1)机密性:一个 RFID 电子标签不应当向未授权读写器泄露任何敏感的信息。

　　(2)完整性:在通信过程中,数据完整性能够保证接收者收到的信息在传输过程中没有被攻击者篡改或替换。

　　(3)可用性:RFID 系统的安全解决方案所提供的各种服务能够被授权用户使用,并能够有效防止非法攻击者企图中断 RFID 系统服务的恶意攻击。

　　(4)真实性:电子标签的身份认证在 RFID 系统的许多应用中是非常重要的,必须确认交流的电子标签为真实的。

　　(5)隐私性:一个安全的 RFID 系统应当能够保护使用者的隐私信息以及相关经济实体的商业利益。事实上,目前的 RFID 系统面临着位置保密或实时跟踪的安全风险。RFID 当初的应用设计是完全开放的,这是出现安全隐患的根本原因。另外,对标签加密或解密需要耗用过多的处理器能力,会使标签增加额外的成本,使一些优秀的安全工具未能嵌入标签的硬件中,这也是 RFID 系统出现安全隐患的重要原因。

2. 实现条件

　　同样,RFID 系统中电子标签固有的内部资源有限、能量有限和快速读取要求以及具有的灵活读取方式,增加了在 RFID 系统中实现安全的难度。要想实现符合 RFID 系统的安全协议、机制,必须考虑 RFID 系统的可行性,同时重点考虑以下几方面的问题。

　　(1)算法复杂度:对于存储资源最为缺乏的 RFID 电子标签,要求加密算法不能占用过多的计算周期。无源电子标签的内部最多有 2000 个逻辑门,而通常的 DES 算法需要2000 多个逻辑门。

　　(2)认证流程:在不同应用系统中,读写器对电子标签的读取方式不同,认证所需时间也不一样。

　　(3)密钥管理:在 RFID 应用系统中,如果每个电子标签都具有唯一的密钥,那么密钥的数量将十分庞大,密钥管理会比较困难。如果所有同类的商品具有相同密钥,安全性又会不足。除了要考虑以上这几个方面之外,还要考虑如何对传感器、电子标签、读写器等感知设备进行物理保护,以及是否要对不用的应用使用不同的安全等级。

3. 解决方案

针对上述需求,RFID 安全和隐私问题提出了下面一些解决方案。

1)物理方法

(1)破坏标签(killing lag):去除标签唯一标识序列号,只保留产品代码信息或者在校验时完全破坏标签。这在保护用户隐私方面是十分有用的。但是要确定被破坏标签确实执行破坏命令十分困难,并且标签被跟踪也很可能会发生。另外,被破坏的标签将不能再被激活,这将会妨碍合法的应用。

(2)屏蔽标签(法拉第笼):将标签置于一种由金属网或金属薄片制成的容器(通常称为Faraday cage,即法拉第笼)中屏蔽起来,这样某一频段的无线电信号将无法穿透外罩,当然也就无法激活内部的射频标签,但是这种安全方案很不方便,它将会阻碍标签的延伸。

(3)有源干扰法(active-jamming):对射频信号进行有源干扰口是另一种保护射频标签免受监测的物理手段。消费者可以随身携带一种能主动发出无线电信号的设备用以阻碍或干扰附近 RFID 系统读写器的正常工作。但是这种有源干扰的方法可能是违法的(至少是在发射能量太高的情况下),而且它可能会给附近的 RFID 系统带来严重的破坏。

(4)堵塞标签:Juels、Rivest 和 Szydlo 提出了一种堵塞标签的方案(JRS),该方案依赖于标签可更改隐私位的功能。隐私位为"0"代表标签对公共浏览没有限制,隐私位为"1"代表该标签是"私有的"。堵塞标签是一种特殊的 RFID 标签,能够阻止标签私有区域的不必要的浏览。但是它也会妨碍标签的延伸应用。

2)读取接入控制和标签认证

读取接入控制的标签只对已认证读写器进行响应。也就是说,标签在某个读写器未受到自己认证之前,不会把信息泄露出去。整个认证一般采用 Hash 协议。整个系统认证的流程如图 3-3-2 所示,主要包括电子标签与读写器、读写器与数据库,它们相互认证都通过才能通过。认证通过以后,交换的数据都是通过不断更新密钥的加密算法进行数据处理。

图 3-3-2 RFID 认证环节图

射频识别系统中由于电子标签和读写器并不是固定连接为一个不可分割的整体,两者在进行数据通信前如何确信对方的合法身份就变得非常重要。根据安全级别的要求不同,有的系统不需认证对方的身份,例如大多数的 TTF 模式的电子标签;有的系统只需要电子标签认证读写器的身份或者读写器认证电子标签的身份,称为单向认证;还有系统不仅卡片要认证读写器的身份,读写器也要认证卡片的身份,这种认证称为相互认证。Mifare 系列卡片中的认证就是相互认证。

最常见的认证是使用密码或者叫口令,只要说对了口令(密码),就可以确信对方是正确的。直接说口令(密码)存在巨大的风险,万一被窃听者知道了,后果不堪设想,所以最好不要直接说出密码,而是通过某种方式(运算)把密码隐含在一串数据里,这样窃听者听到了也不知道什么意思。为了让隐含着密码的这一串数据没有规律性,对密码运算时,一定要有随机数的参加。于是,最常见的相互认证是双方通信时一方给对方发一个随机数,让对方利用密码和约定的算法对这个随机数进行运算,如果结果符合预期,则认证通过,否则认证不通过。

RFID 应用系统一般采用的相互认证机制称为"三次相互认证",如图 3-3-3 所示。

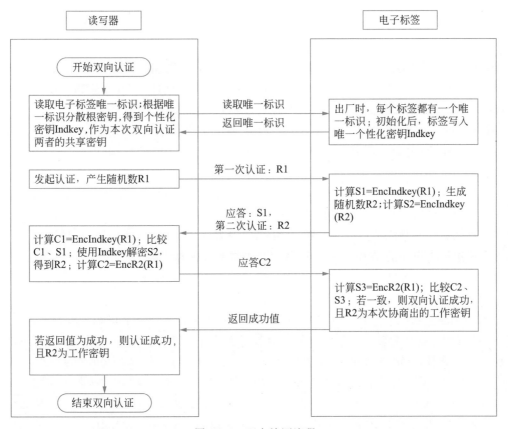

图 3-3-3 双向认证流程

读写器认证电子标签,也是向卡片发送一个随机数,卡片用事先约定的有密码参与的算法对随机数进行运算,然后把运算的结果回送给读写器,读写器收到后,检查这个结果对不对,如果对,就通过认证;如果不对,就没有通过认证,其情形就是如图 3-3-3 所示第一步认证。

电子标签认证读写器的合法性,先向读写器发送一个随机数,读写器用事先约定的有密码参与的算法对随机数进行运算,然后把运算的结果同送给电子标签,电子标签收到后,检查这个结果对不对,如果对,就通过认证;如果不对,就没有通过认证,其情形就是如图 3-3-3 所示中的第二步认证。

　　电子标签和读写器认证对方时都是给对方一个随机数,对方返回对随机数的运算结果。这样的"一来一回"称为"两次相互认证"。电子标签与读写器互相认证就需要两个"一来一回",应该称为"四次相互认证"才对？为什么是"三次相互认证"呢？从图 3-3-3 中表现得很明显,电子标签在回送读写器随机数的运算结果时搭了一次"顺风车",把自己认证读卡器的随机数也一同送了过去,从而减少了一次数据传送,四次相互认证就变成了"三次相互认证"。

　　完整的相互认证过程如下:读写器先向电子标签发送一个随机数 R1,电子标签用事先约定的有密码参与的算法对随机数 R1 进行运算,然后把运算的结果连同随机数 R2 一起送给读写器。读写器收到后,先检查电子标签对随机数 R1 运算的结果是否正确,如果错误,就不再往下进行;如果正确,就对随机数 R2 用事先约定的有密码参与的算法进行运算,然后把运算的结果送给电子标签。电子标签收到后检查这个结果是否正确,如果正确,就通过认证;如果错误,就没有通过认证,整个过程如图 3-3-3 所示。

　　认证的过程中多次提到"事先约定的算法",到底是什么样的算法呢？这个没有具体规定,但有一个要求是必需的,就是这个算法一定要有密码和随机数的参与。比如 Desfire 中使用 3DES 算法,电子标签的主密钥作为 DES 密钥对随机数进行 DES 运算。双方使用的"算法"以及"参加运算的密码"可以相同,也可以不同,这要看双方的约定。

　　认证完成后,随机数并没有失去作用,这两个随机数的组合可以作为下一步操作的数据加密密钥,Desfire 中就是这样。

　　标签加密的相关内容如下所述。

　　无线射频识别(RFID)是一种自动识别技术,它的运行依赖于读写器与标签之间的通信合作。如今它已发展出了多种不同的协议,并在很多领域有着广泛的运用。然而,RFID 的保密性与隐私性问题成了其进一步发展的障碍,因为这种低成本、低功耗、轻量级的平台上对加密算法提出很高的要求,下面一起认识几种常用加密算法。

　　(1) AES 加密算法

　　AES 加密算法也被称为 Rijndael,是由数据加密标准(DES)衍生而来。

　　AES 加密算法是一个使用 128 位分组块的分组加密算法,分组块和 128 位、192 位或 256 位的密钥一起作为输入,对 4×4 的字节数组上进行操作。AES 加密算法的每一轮加密都包含 4 个阶段,分别是 AddRoundKey、SubBytes、ShiftRows 和 MixColumns。

　　众所周知,AES 加密算法是种十分高效的算法,尤其在 8 位架构中,这源于它面向字节的设计。AES 加密算法适用于 8 位的小型单片机或者普通的 32 位微处理器,并且适合用专门的硬件实现,硬件实现能够使其吞吐量(每秒可以到达的加密/解密比特数)达到十亿量级。高效的实现和算法的免费使用使 AES 在 RFID 系统中应用广泛。

　　(2) DESL 加密算法

　　数据加密标准(DES)是由美国联邦信息处理标准在 1976 年为美国选出的一种加密算法。作为一个分组加密算法,DES 在 64 位大小的分组块上进行操作,其密钥也是 64 位。DES 的大致结构由 Feistel 网络组成,此网络中包括含有 8 个 S-Boxes 的 16 次完全相同的基本轮回、一次初始排列、一次最终排列和一个独立的密钥次序表。

　　DESL(DES 轻量级扩展)是 DES 为适应小型计算设备(如 RFID 设备或 Smart Cards)要求的一种扩展,它是由 A. Poschmann 等人在 2006 年作为超低成本加密算法的一种新替代而建议提出的。与 AES 在 RFID 中实现相比,DESL 对芯片大小的需求降低了 49%,对电量的需求降低了 90％,运行时的机器周期数减少了 85％。为了降低对芯片大小的要求,这种算法仅使用了一个改进的 S-Box,将其重复 8 遍。因此,与已发布的最小的 DES 实现相比,其对晶体管数目的要求也降低了 38％。

（3）XXTEA 加密算法

在数据的加解密领域,算法分为对称密钥与非对称密钥两种。对称密钥与非对称密钥由于各自特点,所应用的领域不同。对称密钥加密算法由于其速度快,一般用于整体数据的加密,而非对称密钥加密算法的安全性能佳,在数字签名领域得到广泛应用。

TEA 算法是由剑桥大学计算机实验室的 Wheeler DJ 和 Needham RM 于 1994 年提出的,以加解密速度快、实现简单著称。TEA 算法每次可以操作 64bit（8byte）,采用 128bit（16byte）作为 Key,算法采用迭代的形式,推荐的迭代轮数是 64 轮,最少 32 轮。为解决 TEA 算法密钥表攻击的问题,TEA 算法先后经历了几次改进,从 XTEA 到 Block TEA,直至最新的 XXTEA。XTEA 也称作 TEAN,它使用与 TEA 相同的简单运算,但 4 个子密钥采取不正规的方式进行混合,以阻止密钥表攻击。Block TEA 算法可以对 32 位的任意整数倍长度的变量块进行加解密的操作,该算法将 XTEA 轮循函数依次应用于块中的每个字,并且将它附加于被应用字的邻字。XXTEA 使用与 Block TEA 相似的结构,但在处理块中每个字时利用了相邻字,且用拥有 2 个输入量的 MX 函数代替了 XTEA 轮循函数,这一改变对算法的实现速度影响不大,但提高了算法的抗攻击能力,使得对 6 轮加密次数的算法攻击所需的明文数量由 234 上升为 280,基本排除了暴力攻击的可能性。

XXTEA 的加密轮次视数据长度而定,最少为 6 轮,最多为 32 轮,对应的每轮加密过程如图 3-3-4 所示。图 3-3-4 中,"＋"表示求和,"⊕"表示异或,"＞＞"表示右移,"＜＜"表示左移。

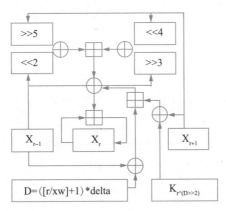

图 3-3-4　XXTEA 算法图

从图 3-3-4 中可知,XXTEA 算法主要包括加法、移位和异或等运算,它的结构非常简单,只需要执行加法、异或和寄存的硬件即可,且软件实现的代码十分短小,具有可移植性,非常适合嵌入式系统应用。由于 XXTEA 算法具有以上优点,它可以很好地应用于嵌入式 RFID 系统当中。

习　题

判断题

1. 安全管理(Safety Management)主要运用现代安全管理原理、方法和手段,分析和研究各种不安全因素,从技术、组织和管理方面采取有力的措施,解决和消除各种不安全因素,防止事故的发生。　　　　　　　　　　　　　　　　　　　　　　　　（　　）

2. 物联网系统不存在安全问题。　　　　　　　　　　　　　　　　　　　（　　）

3. 网络构建层在物联网模型中连接感知识别层和管理服务层,具有强大的纽带作用,可高效、稳定、及时、安全地传输上、下层的数据。　　　　　　　　　　　　　（　　）

4. 物联网信息开放平台是将各种信息和数据进行统一汇聚、整合、分类和交换,并在安全范围内开放给各种应用服务。　　　　　　　　　　　　　　　　　　　　（　　）

5. 家庭的智能安全管理主要用于防火、防盗、防灾,一般采用各种智能传感器,譬如烟雾传感器、光敏传感器等检测预防灾害发生,采用摄像头监控入室盗窃,采用网络进行远程监控家居。　　　　　　　　　　　　　　　　　　　　　　　　　　　（　　）

任务思考

任务 3.4 RFID 智能安全管理系统的设计与实现

【学习目标】

(1) 掌握针对 RFID 项目的分析步骤;

(2) 掌握针对 RFID 智能安全管理系统的一般技术需求;

(3) 掌握针对 RFID 智能安全管理系统的一般技术方案。

【知识点】

(1) RFID 智慧物流应用的项目背景;

(2) 传统物流和智慧物流的差异;

(3) 智慧物流数字大脑的功能;

(4) 运输系统、包装系统、质检系统、仓储系统、配送系统等子系统相应使用的核心技术。

2021 年滴滴在美国上市,引起有关数据安全问题的讨论。其实不仅仅是滴滴,大至国家,小至企业,都存在数据安全问题。目前,全球进入数字经济时代,而对于智慧物流而言,数据是这个行业的发展核心,物流平台掌握大量基建、商业、人口等重要数据信息。而这些数据安全的落地建设成为快递物流行业重点关注的问题,越来越多的企业开始重视大数据的安全隐患以及隐私泄露的风险。目前我国针对数据安全的相应法律法规也日趋健全,2021 年 6 月 10 日,第十三届全国人民代表大会常务委员会第二十九次会议通过《中华人民共和国数据安全法》,确立了数据分类分级管理、数据安全审查、数据安全风险评估、监测预警和应急处置等基本制度,提升了国家数据安全保障能力,有效应对数据这一非传统领域的国家安全风险与挑战,切实维护国家主权、安全和发展利益。下面就针对物流行业,阐述如何运用 RFID 技术实现智慧物流,确保数据安全。

3.4.1 项目背景

2018 年 1 月 23 日,国务院办公厅发布了《关于推进电子商务与快递物流协同发展的意见》,鼓励快递物流企业采用先进适用技术和装备,提升快递物流装备自动化、专业化水平。2020 年 5 月 20 日,国家发展改革委、交通运输部联合发布了《关于进一步降低物流成本的实施意见》,推进新兴技术和智能化设备应用,提高仓储、运输、分拨配送等物流环节的自动化、智慧化水平。而 RFID 正是当下新兴技术的代表,适应了现代物流对生成、仓储、销售、运输和配送等环节全程"可视、可控"的要求。

3.4.2 需求分析

从项目的背景看,智慧物流是对一种新技术的应用,也是国家发展的需要。下面从传统物流行业痛点和智慧物流需求两个方面分析智慧物流。

1. 传统物流行业痛点

目前主要有以下几方面痛点制约传统物流行业的发展。

1）管理制度落后

物流企业自身具有范围大、环节多、人员杂等特点，同时管理层有较强的主观性，所以无法制订有效的管理制度。目前物流企业刚从粗放式发展过来，比较重视经营，对管理淡化，只要效益好，就认为企业经营水平高，对企业的长久发展需要的制度保障和规范化的体系没有认识。这些问题最终导致企业经营后期会出现成本高、利润率变低、员工考核绩效不一致等问题。

2）智慧化程度低

目前物流主要有几种模式，一是企业自营物流；二是第三方物流，也就是物流代理，物流公司可以代理多家企业的物流业务；三是物流联盟。上述的物流模式在智慧性方面还有很长的路要走，大量的工作还是靠人工操作，在物流调度方面更是被动，没有主要分析物流的特点，制定相应的调度策略，因此会浪费大量资源。

3）缺乏标准体系

企业生产和物流都是产品的不同环节，但目前企业生产与物流大多是分开管理，它们应该被统一管理，因此需要协调各方面的资源信息，这需要一个标准体系。标准体系是对整个物流系统的整合设计，也是对基础设施、工作流程等各个物流环节的有效衔接，提出更高要求，进而降低企业管理成本。目前传统物流还没有做到这一点。

4）技术支撑仍需加强

目前，物流行业引进了许多先进技术，也优化了许多工序，但是随着信息技术、人工智能等的发展，传统物流企业需要进一步优化工作流程，以更好地为消费者服务。比如，在送快递时，快递员需要大量时间与用户沟通送取货地点，高层建筑等电梯需要时间，如果能够采用无人机直接运输到位则会更加便捷。这些需求都离不开技术支撑，所以传统物流企业还需要引进先进技术。

5）专业化人才少

目前我国物流人才的培养时间短，物流产业的发展历史比较短，物流接触的环节也比较多，这就对人才的实践经验要求高，从而导致整个产业对专业化物流人才的缺口大。

2. 智慧物流需求

如图 3-4-1 所示，新时代针对智慧物流的需求主要体现在：一是国家层面，政府需要对物流进行监管，确保安全可靠；二是社会层面，对整个物流行业的数据进行挖掘，实现智慧物流合理配置资源，同时对人才提出大量需求，如技术型、管理型、创新型；三是企业层面，有制造环节、运输环节、包装环节、质检环节、仓储环节、配送环节，这些环节想要高效有序地进行，需要在成本、运营方面大大降低开支项，同时对上述各个环节的信息进行管理，需要实时监测、追溯物品信息。

智慧物流系统具有复杂性、特殊性等特点，因此对安全提出了非常高的要求。首先，需要安全管理各个环节的数据传输工作，保障传输网络稳定，系统应用的信息、数据、资源不被非法窃取和破坏。其次，在技术层面，需要将前、后端分离，前端考虑用户操作的便捷性，防止信息被盗取和泄露，后端需要加强安全管理和系统稳定，防止恶意攻击和破坏。

智慧物流企业不再需要仓储员、分拣员、物流客服、调度员，这些工作人员都会被信息技

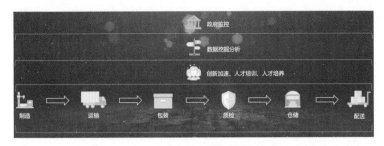

图 3-4-1 智慧物流需求

术代替,需求量将大大降低;随之需要增加的是智能算法工程师、物流系统规划师、智慧物流设备操作员等熟悉掌握物联网以及人工智能现代化信息技术的相关人员。

　　智慧物流是在物联网和互联网结合的基础上,发挥各自的优势,使整个物流系统信息实现畅通、共享,对整个物流环节进行全程追踪和管理,实现互联互通、高效节约、智能可控、信息安全。

3.4.3　系统设计

　　如图 3-4-2 所示,针对上述需求,采用智慧物流数字大脑平台,将物流系统各个环节进行统一管理,主要有运输系统、包装系统、质检系统、仓储系统和配送系统。每个环节运用相应的现代技术加以实现。

图 3-4-2 智慧物流数字大脑平台

　　整个智慧物流系统按照物联网的三层架构分布,每层的内容如图 3-4-3 所示。

　　在感知层,运用 RFID 技术进行物品身份的识别,运用北斗或无线传感网络技术进行物品位置定位,运用 GIS、机器视觉、AGV、机器人配送等技术实现物品的跟踪导航。

　　在网络层,运用移动网络和卫星网络实现数据无线传输,通过通信控制系统对数据进行调度、校验,确保数据准确无偏差地传输。

　　在应用层,利用数据交互平台和网络服务平台,确保数据的实时传输;运用云技术和加密技术,确保数据可靠而不被攻击。根据企业需求,进行大屏数据呈现,针对运输、包装、质检、仓储、配送等各个环节,操作员通过 App、微信小程序或网页方式呈现,让操作更加人性化。

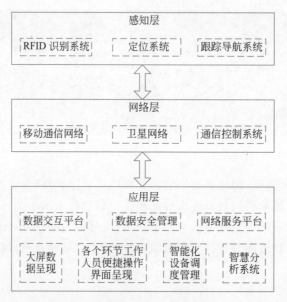

图 3-4-3 智慧物流分层设计

整个智慧物流不光是人和物的交流,更多的是跟设备的交流,所以应针对智能化设备进行调度管理。智慧物流更多的价值是智慧分析层面,通过智慧分析系统,提炼出市场需要分析的数据,指导企业合理化安排生产,最终实现最佳方案,满足客户和企业的双向需求。

3.4.4 系统实现

根据上述设计方案,智慧物流可通过 RFID 技术实现物品身份确立,如图 3-4-4 和图 3-4-5 所示,可运用 RFID 技术实现物品在仓储的操作流程以及物品在整个质检的操作流程。

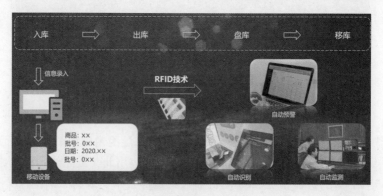

图 3-4-4 运用 RFID 技术实现物品仓储

可通过 RFID 技术进行物品的身份识别,通过智能化设备调度平台操作相应设备,实现物品无人配送,如图 3-4-6 所示。

针对物流运行状态,运用人工智能分析技术,对物流信息提取提出建设性建议,服务企业,优化生产资源调配。如图 3-4-7 所示,物流状态能够进行实时监测。

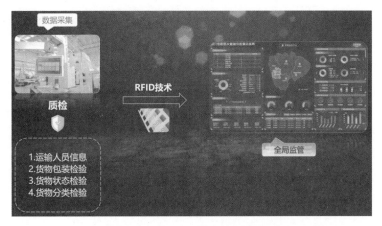

图 3-4-5　运用 RFID 技术实现物品质检

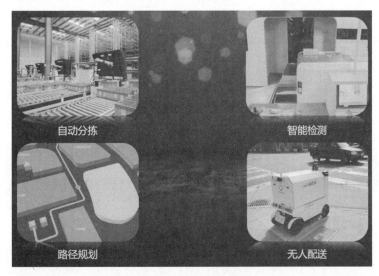

图 3-4-6　运用 RFID 技术实现物品配送

图 3-4-7　物流状态实时监测

习　　题

简答题

试讨论高频 RFID 系统的标准规范、标签选型、应用场合等。

任务思考

专题 4 RFID智能交通管理系统

任务 4.1 RFID 防碰撞

【学习目标】
(1) 了解 RFID 防碰撞技术相关知识点;
(2) 知道 RFID 防碰撞技术在 RFID 智能交通管理系统中的应用。
【知识点】
(1) 碰撞产生的原因;
(2) 碰撞产生的类型;
(3) 防碰撞的主要方法;
(4) ALOHA 的防碰撞技术;
(5) 读写器的防碰撞技术。

4.1.1 碰撞产生的原因

1. 什么是碰撞

在 RFID 系统应用中,多个标签或多个读写器造成的标签之间或读写器之间的相互干扰,统称为碰撞,也称为冲突,如图 4-1-1 和图 4-1-2 所示。

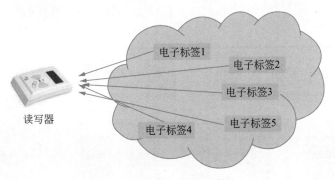

图 4-1-1 多个标签碰撞图

2. 碰撞产生的原因

如果只有一个射频标签位于读写器的可读范围内,则不需要其他命令形式,就可以直接进行识读。

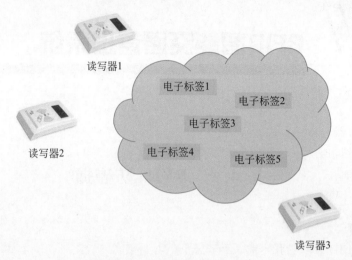

图 4-1-2　多个读写器碰撞图

如果有多个射频标签位于读写器的可读范围内,就会发生通信冲突;同理,如果一个射频标签位于多个读写器的可读范围内,也会发生通信冲突。

4.1.2　碰撞产生的类型

RFID 系统存在两类碰撞问题:电子标签碰撞和读写器碰撞。

1. 电子标签碰撞

电子标签碰撞,即多个标签与同一个读写器同时通信时产生的碰撞。

如图 4-1-3 所示,读写器同时收到标签 Tag A 和 Tag B 各自的信息 Data 1～Data 5,使得标签之间的信号互相干扰(碰撞),从而造成标签无法被正常读取。

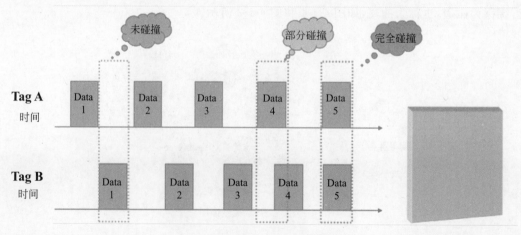

图 4-1-3　电子标签碰撞示意图

2. 读写器碰撞

在 RFID 工业应用中,需要搭建多个阅读器,如仓储管理、零售、图书馆管理等。那么,相邻的读写器就会在其信号交叠区域内产生干扰,导致读写器的阅读范围减小,甚至无法读取电子标签。

读写器碰撞有以下三种类型。

(1) 读写器间频率干扰:读写器工作时发射的无线信号功率为30～36dBm,辐射范围较大;而标签返回信号的强度很小,当标签反射信号给读写器时,很容易被空间内的其他读写器干扰。

(2) 多读写器—标签干扰:当一个标签同时位于两个或多个读写器的询问区域内时,多余的一个阅读器同时尝试与这个标签进行通信,就会发生标签干扰。

(3) 隐藏终端干扰:两个读写器的阅读区域没有重叠,但从一个读写器发出的信号会在标签上干扰从另一个读写器发出的信号。

4.1.3　防碰撞的主要方法

在无线通信技术中,一直存在通信冲突的问题,相关人员也研究出许多相应的解决方法。这些方法大致可分为以下三种。

视频——防碰撞的主要方法

1. 空分多路法

空分多路法(Space Division Multiple Access,SDMA)是指在分离的空间范围内重新使用确定的资源(通路容量)的技术,即利用空间分割构成不同的信道,是一种信道增容的方式。该技术由电子控制定向天线,天线的方向直接对准某个标签,减少单个读写器的作用范围。

空分多路法的缺点是天线系统复杂,会大幅提高成本。

2. 频分多路法

频分多路法(Frequency Division Multiple Access,FDMA)是指把若干使用不同载波频率的传输通路同时提供给通信用户使用的技术,即把信道频带分割为若干更窄的互不相交的子频带,把每个子频带分给一个用户专用,使得带宽得不到充分利用。

频分多路法的缺点是每个接收通路必须由自己单独的接收器提供,阅读器的费用较高。

3. 时分多路法

时分多路法(Time Division Multiple Access,TDMA)是指把整个可供使用的信道容量按时间分配给多个用户的技术,即把时间分割成周期性的帧(Frame),再把每个帧分割成若干个时隙。

因此,在RFID系统中,所有标签在某个时间内只建立唯一的读写器与标签的通信关系,可以很好地解决标签碰撞问题。

RFID中的防碰撞算法大致可以分为两类:标签防碰撞算法和读写器防碰撞算法,如图4-1-4所示。

在RFID防碰撞算法中,标签防碰撞算法基于多路存取法。考虑到标签的功耗、低存储性能、低价格、尽量少的计算能力等,RFID系统的标签防碰撞算法大多采用时分多路法。而时分多路法又可分为非确定性算法和确定性算法。

视频——ALOHA的防碰撞技术

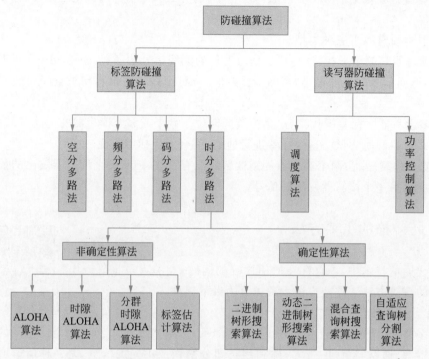

图 4-1-4 RFID 防碰撞算法分类示意图

非确定性算法也称为标签控制法,在该方法中,读写器没有对数据传输进行控制,标签的工作是非同步的,不能确定标签获得处理的时间,因此标签存在"饥饿"问题。

4.1.4 ALOHA 的防碰撞技术

1. ALOHA 算法

ALOHA 算法是一种随机接入方法,其基本思想是采取标签先发言的方式,当标签进入读写器的识别区域内时,就自动向读写器发送其自身的 ID 号,在标签发送数据的过程中,若有其他标签也在发送数据,将会发生信号重叠,从而导致冲突。读写器会检测接收到的信号有无冲突,一旦发生冲突,读写器就会发送命令让标签停止发送,随机等待一段时间后再重新发送,以减少冲突。

ALOHA 算法是一种典型的非确定性算法,实现起来较为简单,因而广泛用于解决标签的碰撞问题。基于 ALOHA 机制的算法包括若干种变体,如纯 ALOHA 算法、时隙 ALOHA 算法、帧时隙 ALOHA 算法、动态帧时隙 ALOHA 算法等,如图 4-1-5 所示。

图 4-1-5 ALOHA 算法类型图

纯 ALOHA 算法是指各个标签随机地在某时间点发送信息,读写器检测收到的信息,判断是成功接收或者碰撞,只要标签有数据发送请求,就立即发送出去,而不管无线信道中是否已有数据在传输。

纯 ALOHA 算法中的信号碰撞分为两种情况,如图 4-1-6 所示。

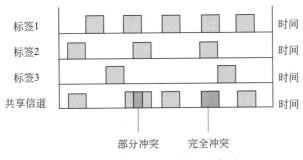

图 4-1-6　纯 ALOHA 算法示意图

一种是信号部分碰撞,即信号的一部分发生了冲突;另一种则是信号的完全碰撞,是指数据完全发生了冲突,发生冲突的数据都无法被读写器识别。

纯 ALOHA 算法是无线网络中最早采用的多址技术,也是最为简单的一种方法,广泛应用在 RFID 系统中,但信道利用率仅为 18.4%,性能非常不理想。在 RFID 系统中,这种方法仅适用于只读标签(Read Only Tag)。

因此,在纯 ALOHA 算法的基础上进行改进,从而产生了时隙 ALOHA 算法、帧时隙 ALOHA 算法、动态帧时隙 ALOHA 算法。

2. 时隙 ALOHA 算法

时隙 ALOHA 算法把时间分成多个离散的时隙,每个时隙长度等于或稍大于一个帧,标签只能在每个时隙的开始处发送数据。这样标签要么成功发送,要么完全碰撞,避免了纯 ALOHA 算法中的部分碰撞冲突,碰撞周期减半,提高了信道利用率。时隙 ALOHA 算法需要读写器对其识别区域内的标签校准时间。时隙 ALOHA 算法是随机询问驱动的 TDMA 防冲撞算法,工作过程如图 4-1-7 所示。

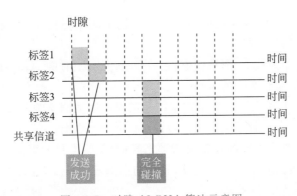

图 4-1-7　时隙 ALOHA 算法示意图

3. 帧时隙 ALOHA 算法

时间被分成多个离散时隙,电子标签必须在时隙开始处才可以开始传输信息。读写器以一个帧为周期发送查询命令,当电子标签接收到读写器的请求命令时,每个标签通过随机挑选一个时隙发送信息给读写器。

若一个时隙只被唯一的标签选中,则此时隙中标签传输的信息被读写器成功接收,标签被正确识别。若两个或两个以上标签选择了同一时隙发送,就会产生冲突,这些同时发送信息的标签就不能被读写器成功识别。

整个算法的识别过程都会如此循环,直到所有标签都被识别完成。

帧时隙 ALOHA 算法工作过程如图 4-1-8 所示。

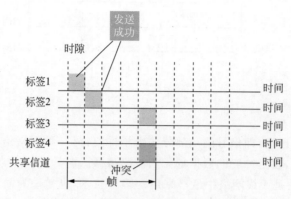

图 4-1-8　帧时隙 ALOHA 算法示意图

该算法的缺点是当标签数量远大于时隙个数时,会大大增加读取标签的时间;当标签个数远小于时隙个数时,会造成时隙浪费。

4. 动态帧时隙 ALOHA 算法

在动态帧时隙 ALOHA 算法中,一个帧内的时隙数目随着区域内标签数目动态改变,或增加时隙数,以减少帧中的碰撞数目。操作步骤如下。

(1) 进入识别状态,开始识别命令中包含了初始的时隙数 N。

(2) 由电子标签随机选择一个时隙,同时将自己的时隙计数器复位为 1。

(3) 当电子标签随机选择的时隙数与时隙计数器对应时,标签向读写器发送数据;若不相等,标签将保留自己的时隙数,并等待下一个命令。

(4) 当读写器检测到的时隙数量等于命令中规定的循环长度 N 时,本次循环结束,读写器转入步骤(2),开始新的循环。

该算法每帧的时隙个数 N 都是动态产生的,解决了帧时隙 ALOHA 算法中时隙浪费的问题,适应标签数量动态变化的情形。

动态帧时隙 ALOHA 算法允许根据系统的需要动态地调整帧长度,由于读写器作用范围内的标签数量是未知的,而且在识别的过程中未被识别的标签数目是改变的。因此,如何估算标签数量以及合理地调整帧长度成为动态帧时隙 ALOHA 算法的关键。由理论推导可知,在标签数目和帧长度接近的情况下,系统的识别效率最高,也就是说,标签的值就是帧长度的最佳选择。

在实际应用中,动态帧时隙算法是在每帧结束后,根据上一帧的反馈情况检测标签发生碰撞的次数(碰撞时隙数),通过电子标签被成功识别的次数(成功时隙数)和电子标签在某个时隙没有返回数据信息的次数(空闲时隙数)来估计当前未被正确识别的电子标签数目,然后选择最佳的下一帧的长度,把它的帧长度作为下一轮识别的帧长,直到读写器工作范围内的电子标签全部识别完毕。

4.1.5　读写器的防碰撞技术

时分多路法中的确定性算法也称为读写器控制法,由读写器观察控制所有标签。按照规定算法,在读写器作用范围内,首先选中一个标签,在同一时间内,读写器与一个标签建立通信关系。二进制树形搜索算法是典型的确定性算法,该类算法比较复杂,识别时间较长,但无标签饥饿问题。

二进制树形搜索算法由读写器控制,其基本思想是不断地将导致碰撞的电子标签进行划分,缩小下一步搜索的标签数量,直到只有一个电子标签进行回应。

1. 冲突位检测

实现该算法系统的必要前提是能够辨认出在读写器中数据冲突位的准确位置。为此,必须有合适的位编码法。图 4-1-9 为 NRZ 编码(不归零编码)和曼彻斯特编码的冲突状况比较。

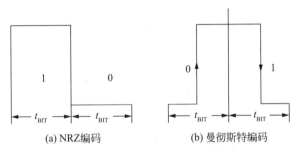

图 4-1-9　NRZ 编码和曼彻斯特编码冲突比较图(1)

1) NRZ 编码

某位之值是在一个位窗(t_{BIT})内由传输通路的静态电平表示,这种逻辑"1"为"高"电平,逻辑"0"为"低"电平。如果两个电子标签之一发送了副载波信号,那么,这个信号由读写器译码为"高"电平,就被认定为逻辑"1"。但读写器不能确定读入的某位究竟是若干个电子标签发送的数据相互重叠的结果,还是某个电子标签单独发送的信号,如图 4-1-10(a)所示。

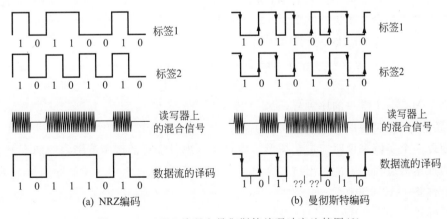

图 4-1-10　NRZ 编码和曼彻斯特编码冲突比较图(2)

2）曼彻斯特编码

某位之值是在一个位窗（t_{BIT}）内由电平的改变（上升/下降沿）表示。逻辑"0"编码为上升沿，逻辑"1"编码为下降沿。如果两个或多个电子标签同时发送的数位有不同值，则接收的上升沿和下降沿互相抵消，"没有变化"的状态是不允许的，将作为错误被识别。用这种方法可以按位追溯跟踪冲突的出现，如图 4-1-10(b)所示。

因此，选用曼彻斯特编码，可以实现"二进制树型搜索"算法。

2. 二进制树形搜索算法过程

二进制树形搜索算法的模型如图 4-1-11 所示，其基本思想是将处于冲突的标签分成左、右两个子集 0 和 1，先查询子集 0，若没有冲突，则正确识别标签。若仍有冲突，则再分裂，把子集 0 分成 00 和 01 两个子集，以此类推，直到识别出子集 0 中的所有标签，再按此步骤查询子集 1。可见，标签的序列号是处理碰撞的基础。

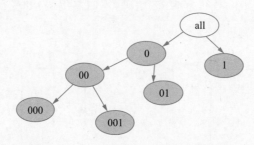

图 4-1-11　二进制树形搜索算法模型图

二进制树形搜索算法的实现步骤如下。

（1）读写器广播发送最大序列号查询条件 Q，其作用范围内的标签在同一时刻传输它们的序列号至读写器。

（2）读写器对收到的标签进行响应，如果出现不一致的现象（即有的序列号该位为 0，而有的序列号该位为 1），则可判断有碰撞。

（3）确定有碰撞后，把有不一致位的数最高位置 0 再输出查询条件 Q，依次排除序列号大于 Q 的标签。

（4）识别出序列号最小的标签后，对其进行数据操作，然后使其进入"无声"状态，则对读写器发送的查询命令不进行响应。

（5）重复步骤（1），选出序列号倒数第二的标签。

（6）多次循环后，完成所有标签的识别。

为了实现这种算法，需要一组命令。这组命令可由电子标签进行处理（见表 4-1-1），每个电子标签拥有一个唯一的序列号（SNR）。

【例题】　二进制树形搜索算法实例。

下面以一个实例来说明二进制树形搜索算法。现以读写器作用范围内的四个电子标签为例说明搜索的过程。下面列出这四个电子标签的序列号（这里用 8 位的序列号举例）。

电子标签 1:10110010

电子标签 2:10100011

电子标签 3:10110011

电子标签 4:11100011

表 4-1-1　算法命令表

命　　令	含　　义
REQUEST(SNR)：请求（序列号）	此命令发送一序列号作为参数给电子标签。电子标签把自己的序列号与接收的序列号进行比较，如果小于或相等接收的序列号，则此电子标签回送其序列号给读写器。这样就可以缩小预选的电子标签的范围
SELECT(SNR)：选择（序列号）	用某个（事先确定的）序列号作为参数发送给电子标签，具有相同序列号的电子标签将此作为执行其他命令（如读出和写入数据）的切入开关，即选择这个电子标签，具有其他序列号的电子标签只对 REQUEST 命令应答
READ-DATA：读出数据	选中的电子标签将存储的数据发送给读写器（在实际的系统中，还有鉴别或写入等命令等）
UNSELECT：退出选择	取消一个事先选中的电子标签，电子标签进入"无声"状态。在这种状态下，电子标签完全是非激活的，对收到的 REQUEST 命令不作应答。为了重新激活电子标签，必须暂时离开读写器的作用范围（等于没有供应电压），以执行复位

二进制树形搜索算法在重复操作的第一次中由读写器发送 REQUEST(≤11111111) 命令。序列号 11111111 是本例中系统最大可能的 8 位序列号。读写器作用范围内的所有电子标签的序列号都应小于或等于 11111111，因此，处于读写器作用范围内的所有电子标签都应对该命令做出应答。

二进制树形搜索算法选择电子标签的迭代过程如图 4-1-12 所示。

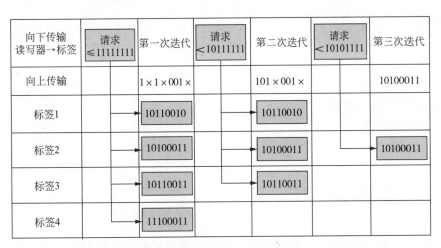

图 4-1-12　电子标签的迭代过程

如图 4-1-12 所示，对于所接收的序列号的 0 位、4 位和 6 位，由于重叠响应的电子标签对这些位的不同内容造成了冲突（×）。因此，可以推断在读写器作用范围内存在两个或多个电子标签。仔细观察表明：由于接收的位顺序为 1×1×001×，从而可以得出所接收的序列号的 8 种可能性。

第 6 位是最高的×位，此位在第一次迭代中出现了冲突。这意味着不仅在序列号

(SNR)≥11000000b 的范围内,而且在序列号(SNR)≤10111111b 的范围内,至少各有一个电子标签存在。为了能选择一个单独的电子标签,必须根据已有的信息来限制下一次迭代的搜索范围。例如,用小于等于 10111111b 的范围内进一步搜索。为此,将第 6 位置"0"(有冲突的最高值位),将所有低位置"1",从而暂时对所有的低值位置不予处理。

二进制树形搜索树通过地址参数限制搜索范围的一般规则见表 4-1-2。

表 4-1-2　一般规则表

检 索 命 令	第一次迭代:范围=	第 n 次迭代:范围=
请求(REQUEST)≥范围	0	位(×)=1,位(0···×···1)=0
请求(REQUEST)≤范围	序列号(SNR)Max	位(×)=0,位(0···×···1)=1

读写器发命令 REQUEST(≤10111111)后,所有满足此条件的电子标签都要做出应答,并将它们自己的序列号传输给读写器。本例中,做出应答的是电子标签 1、2 和 3(见第二次迭代)。

现在接收的序列号的第 0 位和第 4 位上出现了碰撞(×)。由此得出结论:在第二次迭代的搜索范围内,至少还存在两个电子标签。需要进一步确定的序列号有 4 种可能性。

如果第二次迭代仍然出现冲突,则要求第三次迭代进一步限制搜索范围。使用表格形成的规则,其搜索范围是小于等于 10101111。读写器将命令 REQUEST(≤10101111)发送给电子标签。只有电子标签 2(10100011)能满足此条件,该电子标签即单独对命令做出应答(见第三次迭代)。

然后,读写器用 SELECT 命令选中电子标签 2,对该选中的电子标签进行 READ-DATA 操作。此时,其他电子标签则处于静止状态。在完成 READ-DATA 操作后,读写器用 UNSELECT 命令使电子标签 2 进入"无声"状态,这样电子标签 2 将不再对后继的请求命令做出应答。

图 4-1-13 形象地描述了上述案例的搜索过程,三次迭代需要不断地搜索空间,直到第三次搜索定位到唯一的电子标签。

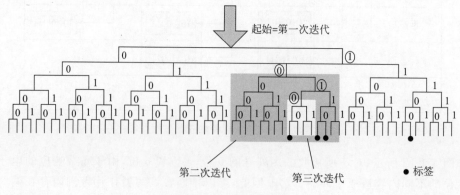

图 4-1-13　搜索过程图

在二进制树形搜索树中,随着搜索范围的依次变小,最终可以选择唯一的电子标签。

为了从较大量的电子标签中搜索出某个电子标签,需要多次进行迭代。其平均次数 L

取决于读写器作用范围内的电子标签总数 N，即

$$L(N) = \log_2 N + 1$$

由此可知，可以利用二进制树形搜索算法快速简单地解决碰撞问题。如果读写器作用范围内只有一个电子标签，则不会出现冲突，只需要迭代一次就可发现电子标签的序列号。如果有一个以上的电子标签处在读写器作用范围内，那么迭代的平均数增加得很快。

 习　　题

判断题

1. 所谓标签碰撞，是指多个阅读器同时与一个标签通信，致使标签无法区分阅读器的信号。　　　　　　　　　　　　　　　　　　　　　　　　　　（　　）

2. 在纯 ALOHA 算法中，假设电子标签在 t 时刻向阅读器发送数据，与阅读器的通信时间为 T_0，则碰撞时间为 $2T_0$。　　　　　　　　　　　　　　　　　（　　）

任务思考

任务 4.2　RFID 系统测试与优化

【学习目标】

（1）了解 RFID 系统测试与优化技术相关知识点；

（2）知道 RFID 系统测试与优化技术在 RFID 智能交通管理系统中
的应用。

视频——RFID
系统测试与优化

【知识点】

（1）RFID 系统测试概述；

（2）RFID 系统测试的流程、规范和方法；

（3）RFID 测试中心。

4.2.1　RFID 系统测试概述

1. RFID 系统测试的重要性

单品管理、物流管理等涉及大量种类纷繁的产品，其供应链结构复杂烦冗，同时会出现
较大的地域跨度甚至全球领域内的流通，因此对产品信息的准确性及实时性要求非常高。
RFID 技术克服了条形码的易磨损、低容量、单一化等缺陷，并实现该过程自动化，可以为供
应链提供较大容量的即时数据，并根据需要能更新相关数据。随着物联网概念的提出和应
用市场的扩张，该技术在全球被广泛看好，预示着其将成为全球一个新的巨大产业。目前，
国内外已有很多企业和科研机构都参与到射频识别技术的相关产品及其应用系统的研发、
生产，并积极制订相关的协议、标准等，同时，各国、各地区的政府也从政策和资金方面积极
支持该技术的发展。

射频识别技术的发展、成熟以及产品的推广应用等，必须经历性能测试的环节。由于前
期的研究者主要侧重于对射频识别产品关键技术的研究和其产品的博士学位论文商业应用
推广，同时国际射频识别的协议标准的不统一以及其技术的特殊性，限制了射频识别测试技
术的发展，导致其测试技术的发展落后于其他技术领域的发展。射频识别测试技术作为产
业链中各环节的技术支撑，是必不可少的环节，受重视程度正在逐步加强，同时测试技术的
发展水平也反映出一个国家或地区的技术水平在实际应用前，产品需通过系统性能测试和
环境应用测试，为实施的大规模应用提供参考依据，为产品的方案设计及改进研发等提供指
导，加快射频识别产品的科技成果转化，降低其在应用环境中的部署风险和困难，从而推动
射频识别技术从技术、产业到应用的发展。

2. 研究现状

随着近几年物联网技术的飞速发展，作为物联网关键技术之一的 RFID 技术也迎来新
的飞速发展时期，开始大量应用于工业生产自动化、交通、身份识别和物流等领域，并且在不
断扩大其应用范围。同时，RFID 技术标准的多样性及应用的特殊性，也给相应的 RFID
测试和 RFID 性能评估带来新的要求和挑战。

近年来，超高频系统已经成为 RFID 的全球热点。超高频射频识别标签具有体积小、识

别快速、读写距离远、操作方便等优点,因而广泛应用在诸如不停车收费、物流管理、行包跟踪等领域。但是产品的应用环境复杂,这对 RFID 系统工作的性能提出了更高的要求。针对 RFID 系统性能的研究与测试工作是 RFID 技术研究的热点,设计功能全面、操作简易的 RFID 测试系统是具有挑战性的研究之一。

3. RFID 系统测试的主要内容

RFID 应用系统测试包括以下内容。

(1) RFID 应用中不同材质对电磁信号的影响及其解决方法。

(2) RFID 应用流程与解决方案的测试验证。

(3) RFID 设备部署方案的测试验证:①RFID 设备部署方案的测试验证;②RFID 设备部署方案仿真测试平台。

(4) RFID 系统架构的测试验证:①RFID 系统架构的测试验证;②RFID 系统架构仿真测试平台。

(5) 参数可控、可模拟现场物理应用的测试平台。

4. RFID 系统的测试环境

RFID 系统硬件测试环境主要包括以下几个方面。

1) 测试场地

由于 RFID 系统性能参数不同,其读取范围也从几厘米到几十米、上百米不等。这就要求在针对不同 RFID 系统的测试中,选择合适的场地。

2) 测试设备

测试设备包括基本设备、数据采集设备、数据分析设备和特殊设备。

基本设备如用于放置标签的货箱、托盘、叉车、集装箱等。由于 RFID 标签应用广泛,在实际使用过程中,可能被设置在各种材料、规格的货物上,因此在测试阶段就应考虑到这一点,从应用出发,全面分析各种情况。

数据采集设备包括用于采集环境数据的温度计、湿度计、场强仪、测速仪等。因为很多环境因素对测试结果影响很大,同时也需要研究。

数据分析设备如频谱分析仪、电子计算机及相关数据库、数据分析软件,用来对测试数据进行全面分析,找出其中的规律。这也是产品测试报告中最重要的数据来源和依据。

除上述设备之外,在部分测试过程中,还可能需要用到特殊设备,如要研究产品在无干扰环境下的表现,就需要对外界信号进行屏蔽,这就需要屏蔽室或电波暗室。

3) 测试工具

测试工具包括频谱分析仪、信号发生器、信号单元、切换单元和射频信号发生器。

4) 辅助测试设施

辅助测试设施即一些辅助设备工作的软件支持。

4.2.2 RFID 系统测试的流程、规范和方法

1. RFID 系统测试流程

图 4-2-1 所示为 RFID 系统测试总体流程图,根据总体结构图,RFID 系统测试流程及方法具体如下。

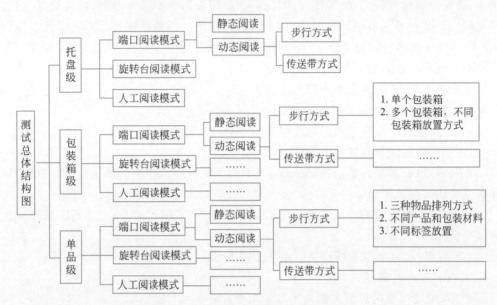

图 4-2-1　RFID 系统测试总体流程图

首先,针对托盘级识别(Pallet Level)、包装箱级识别(Case Level)、单品级识别(Item Level)分别进行逐级测试。在逐级测试中,再展开不同阅读模式下的测试。每一级的阅读模式包括端口阅读模式、旋转台阅读模式和人工阅读模式,如图 4-2-2 所示。

(a) 端口阅读模式　　　　(b) 旋转台阅读模式　　　　(c) 人工阅读模式

图 4-2-2　RFID 三种阅读模式

在实际情况中,端口阅读模式是物流管理中最为普遍和有效的一种阅读模式,所以应在测试中对端口阅读模式进行较为细致的划分。端口阅读模式可分为动态阅读和静态阅读模式,而动态阅读模式又可以分为步行速度下和速度可调的传送带两种不同情况。

1) 托盘级识别

托盘级识别是在每个托盘上贴上具有唯一编码的射频标签,用阅读器识别各个托盘。

2) 包装箱级识别

包装箱级识别分为单个包装箱识别和多个包装箱识别。

(1) 单个包装箱识别:包装箱贴上具有唯一编码的射频标签,放置于托盘上面,用阅读器识别包装箱。三种阅读模式均与托盘级识别相同。

（2）多个包装箱识别：每个包装箱贴上具有唯一编码的射频标签，将多个包装箱同时放置于托盘上面，用阅读器识别各个包装箱。需要注意的是，在每种阅读模式下，通过改变各个包装箱标签的摆放位置，比较阅读器性能，如图4-2-3所示。

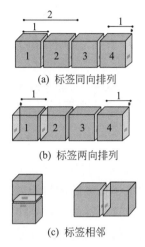

图 4-2-3　RFID 包装箱排列方式

3）单品级识别

在单品级识别中，托盘上有均匀的货品排列、复合的货品排列、异质的货品排列三种货品排列形式。这三种货品排列形式互补又呈现复杂度上的递增，比较它们在各种测试情况下读写器的性能，如图4-2-4所示。

(a) 均匀的货品排列　　(b) 复合的货品排列　　(c) 异质的货品排列

图 4-2-4　RFID 货品排列方式

均匀的货品排列是指包装箱中的每个单品贴有唯一编码的射频标签。在三种阅读模式下，通过使用不同材料和包装的单品，分别测试读写器的性能。同时，可以改变标签的放置位置，观测读写器性能的变化。

复合的货品排列和异质的货品排列与均匀的货品排列的测试方法相同。

2. RFID 系统测试规范

测试中，需要对标签测试、读写器测试、空中接口一致性测试、协议一致性测试、中间件测试等进行规范。

测试过程并不是自由的，对于不同产品的测试报告，其可比性建立在相同的测试条件和测试程序基础上。因此,应该有一套完整的测试规范来控制整个测试过程。

针对 RFID 系统的测试,首先应从应用出发,根据影响读取率的因素逐一进行测试,如速度、介质、环境、标签方向、干扰等。只有通过这样的测试,才能了解产品在实际应用过程中的表现,从中得出有用的结论,指导产品的使用。

1)标准符合性测试

测试待测目标是否符合某项国内或国际标准(如 ISO 18000 标准)定义的空中接口协议。具体内容如下。

(1)读写器功能测试:包括调制方式测试、解调方式和返回时间测试、指令测试等。

(2)标签功能测试:包括标签解调方式和返回时间测试、反应时间测试、反向散射测试、返回准确率测试、返回速率测试等。

2)可互操作性测试

可互操作性测试是指测试待测设备与其他设备之间的协同工作能力,包括以下内容。

(1)待测品牌的读写器对其他电子标签的读写能力。

(2)待测品牌的电子标签在其他读写器的有效工作距离范围内的读写特性。

(3)待测品牌的读写器读取其他读写器写入标签的数据等。

测试又可分为单读写器对单标签、单读写器对多标签、多读写器对单标签、多读写器对多标签等不同的环境。

3)性能测试

RFID 性能测试的典型环境如图 4-2-5 所示,包括静态测试和动态测试以及无干扰情况下的测试和有干扰情况下的测试。

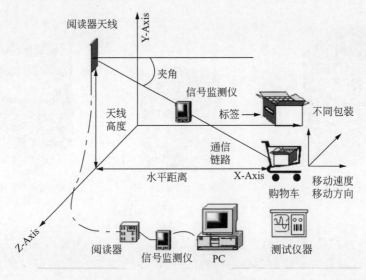

图 4-2-5 RFID 系统性能测试的典型环境

性能测试具体包括以下内容。

(1)RFID 标签测试:包括工作距离测试、标签天线方向性测试、标签最小工作场强测试、标签返回信号强度测试、抗噪声测试、频带宽度测试、各种环境下标签读取率测试、标签读取速度测试等。

（2）RFID读写器测试：包括灵敏度测试、发射频谱测试等。

（3）RFID系统测试：包括电子标签和读写器，测试不同参数（改变标签的移动速度、附着材质、数量、环境、方向、操作数据以及多标签的空间组合方案等）的系统通信距离、系统通信速率。

4）RFID产品物理测试和质量认证

这是具有国家级认证资质的物理特性测试和质量验证，针对RFID标签、RFID阅读器、天线、模块等RFID系统中的关键产品的技术指标进行质量验证与测试，主要包括以下内容。

（1）电磁兼容（EMC）。

（2）环境试验参数。

（3）电气安全参数。

（4）RFID标签的特殊技术指标。

（5）RFID读写器的特殊技术指标。

3. RFID系统测试方法

1）RFID应用中不同材质对电磁信号的影响度及其解决方法

不同材质对RFID系统电磁信号的影响最直接的体现就是天线性能的下降，主要从阻抗匹配、方向特性、鲁棒性、读取范围测试四个方面进行测试分析。

2）RFID应用流程与解决方案的测试验证

建模可以从设备实体和应用框架两个层次来进行，从设备实体级来看，系统由标签、读写器、后端系统、标准、性能等实体所描述；从应用框架级来看，可分为四个层次：环境层、采集层、集成层、应用层。

4. RFID设备部署方案与系统架构仿真

RFID系统一般由两级网络组成，即由标签、读写器组成的无线通信网络，连接后端应用的信息通信网络。RFID系统复杂的硬件体系架构和数据的海量性都对系统测试提出了新的挑战。为此，可采用虚拟测试与关键实物测试相结合的方法。

首先，通过对RFID设备部署方案和系统架构的分析，确定部署方案和系统架构的主要性能指标和约束，如无线覆盖约束、信号干扰约束、RFID性能指标等；然后，对RFID设备和网络实体进行抽象，建立其面向对象的组件模型，进而构建RFID设备部署和系统架构仿真测试平台。

4.2.3 RFID测试中心

客观性、可控性、可重构、灵活性是建设可模拟现场物理应用的测试环境的关键需求，配置先进的测试仪器、辅助设备，可在一定程度上保证测试结果的客观性。

配置温度、湿度控制器，可分别实现对温度、湿度的控制。

配置速度可调的传送带，可实现物体移动速度对读取率的影响。

配置各种信号发生器、无线设备，可产生可控电磁干扰信号、检查无线网络RFID设备协同工作的有效性。

测试中心由多个测试单元组成，可灵活组合，动态地实现多种测试场景，包括以下基本单元：门禁单元、传送带综合测试单元、机械手测试单元、高速测试单元、复杂网络测试单元、智能货架测试单元、集装箱货柜测试单元。

在基本的供应链场景下,可运用门禁测试单元、传送带综合测试单元、复杂网络单元、机械手单元组合成完整的测试场景。

习　题

判断题

1. 每个 RFID 通信系统都必须通过监管要求,并符合所用标准。　　　　　　　（　　　）

2. 每个电子设备制造商都必须符合设备销售地或使用地的监管标准。　　　　（　　　）

3. 政府规定控制发射信号的功率、频率、带宽。这些规定可以防止有害干扰,并保证每个发射者都是频带内其他用户的友好邻居。　　　　　　　　　　　　　　　　　（　　　）

任务思考

任务 4.3　RFID 智能交通管理系统设计与实现

【学习目标】
(1) 掌握针对 RFID 项目的分析步骤;
(2) 掌握针对 RFID 智能交通管理系统的一般技术需求;
(3) 掌握针对 RFID 智能交通管理系统的一般技术方案。

【知识点】
(1) RFID 智能交通管理应用的项目背景;
(2) 传统停车场和智慧停车场的差异;
(3) 智慧停车数字大脑的功能;
(4) 停车系统、缴费系统、管理系统、服务系统等子系统相应使用的核心技术。

随着我国经济的迅猛发展,城市居民汽车的拥有量不断增加,汽车给人们带来巨大的交通便捷,停车管理不善等问题也给人们带来了诸多烦扰。为满足人们对生活和工作环境更科学、更规范的要求,管理高效、安全合理、快捷方便的智慧停车场管理系统已成为许多大型综合建筑和居民小区必备的配套设施。而 RFID 技术在其中大有用场,比如车牌识别、车辆定位等。下面分别从系统的需求、设计以及使用的效果分析基于 RFID 技术的智慧停车案例。

4.3.1　项目背景

图 4-3-1 所示是某城市的创新中心,当地政府将该园区定位为以双创服务、智能楼宇和大数据管理为核心功能,助力地方产业转型升级的标杆性企业。因此,进、出该园区的停车管理系统设计标准更应具有智慧型、融合型、综合型等特点,其中智慧型是一种表率作用,因为园区定位具有大数据管理功能,所以新设计的停车管理系统需要将这点体现出来。由于靠近市中心,所以整个停车场应具有融合型功能,与整个城市的交通调度融为一体,解决周边停车难的一些问题。因此,进入园区的人员是综合性的,该系统应便于人员停车、快速进入和离开。

4.3.2　需求分析

从项目背景看,该停车场定位为智慧型,所以需要打破传统停车场的思维设计,下面从两个层面进行分析。

1. 传统停车场痛点分析

传统停车场管理系统只是将计费、收费管理作为管理系统的主要功能,关注的仅仅是车辆进出的时间,而对整个系统的安全性、运行效率和人性化设计考虑得较少。整个系统运行主要依赖人来维持,而且人与资金实时的接触也会出现很多问题。主要的问题表现在以下

图 4-3-1　某城市的创新中心

几个方面。

1）运营成本较高

传统停车场需要对收费管理人员进行招聘、培训、管理,这些都需要投入资金;同时,如果工作人员出现工伤,也会增加企业的成本。工作人员每天需要一一核对收取的资金,这会带来更多的人力成本投入,所以整个运营成本较高。

2）资金管理困难

整个停车场采用人工收费的方式,在此过程中难免会产生一些差错,会给工作人员带来很大困扰。

3）用户停车体验不佳

用户开车进入停车场,不能准确定位到停车位置,需要在停车场花费大量时间查找停车位;在离开停车场时,用户又需要花大量时间等待支付,因此在整个停车过程中会让用户产生烦躁心理,甚至会影响驾驶安全。

4）人员管理混乱

由于现代社会生活节奏加快,人们有时候因突然出差,车辆需停在停车场几天,但回来后却发现车辆出现损伤。由于停车场进出人员很多,而工作人员又不能随时对车辆状态进行监控,因此导致无法追责车辆的损伤。所以,需要对进出停车场的人员进行管理。

2. 智慧停车场需求分析

针对传统停车场的痛点,需要设计合理的智慧停车场。结合整个行业发展的需求,智慧停车场应具备以下特点。

（1）运营简单:整个停车场应该为无人操作,一切都采用智能化的手段实现,整个运营过程简单清晰,运用现代技术控制车辆进出停车场,比如 RFID 技术进行车牌识别,然后计算时间,进行线上收费。

（2）停车智能:整个停车场的坐标位置和空闲车位数量接入当地交通部门数据,让用户通过手机 App 可以及时了解这些信息,节省寻找车位的时间。

（3）管理方便：在停车场空闲车位提供明显的指示标志，让用户迅速寻找车位，节省时间；通过提前支付，解决出口处集中支付时拥堵排队的现象，缴费流程更加快捷，车辆管理便捷；通过摄像头对停车场360°无死角进行监控，对车辆的进出都进行车牌识别，这样可以更加安全地管理车辆，同时可以对车辆使用人员有一定的监控管理能力，为出现损伤溯源提供巨大的帮助。

（4）用户体验升级：整个停车快捷方便，体验感佳，同时可以通过微信小程序或微信公众号发布一些活动，让用户更方便、更好地分配资源。

（5）节省成本：智慧停车场可以大大节省运营成本，并减少后期维护成本。

4.3.3　系统设计

根据需求分析，整个智慧停车数字大脑系统设计架构如图4-3-2所示。

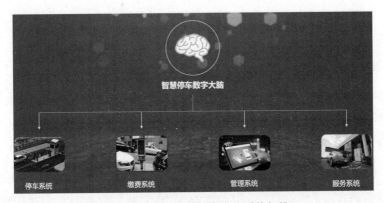

图 4-3-2　智慧停车数字大脑系统架构

数字大脑作为整个停车场的运算调度中心，系统采用数据管理软件，针对每项子功能进行调度管理。子功能主要有四大系统：停车系统、缴费系统、管理系统、服务系统。

1. 停车系统

运用RFID技术，可实现车辆进出管理。当车辆进入RFID工作频率范围内时，系统将感应到车载RFID发出的信号，并将数据信息传送到入口控制器，入口控制器检查车辆ID的有效性，并控制摄像头抓拍车辆图像。如果RFID的电子标签ID有效，进场闸道打开，车辆进入停车场。否则，显示屏显示非正常车辆，不允许车辆进入。如果车辆还想进入，系统就会在售卡机上提示司机取卡，当司机取出卡以后，闸道打开，车辆进场。当车辆离开停车场时，RFID读卡器读取电子标签，计算时间，同时扣除费用，如果余额不足，通过语音引导驾驶员缴费。

2. 缴费系统

整个缴费过程采用两种方式，第一种方式是在RFID的电子标签中充值费用，每次进出停车场自动扣费；第二种方式是线上实时缴费，针对每次的费用，可以提前通过线上支付平台进行支付。

3. 管理系统

系统可以对进出场的车辆进行管理。针对车辆的安全，通过无死角的摄像头系统进行远程监控管理;对费用的支付安全进行管理;停车场同时提供自行车的充电管理,采用与汽车管理相同的方式进行管理;在每个停车位上方配备指示灯,地面配备地磁传感器,通过清晰的指示灯告知用户空闲停车位的方位,方便其以最快的速度找到停车位置。

4. 服务系统

针对车辆的保养需求,为了更高效地分配时间,可以通过移动软件进行预约。同时,关于停车安排,也可以通过移动软件提前预约停车位置。

4.3.4 系统实现

通过现场调试,系统可高效地服务整个园区车辆的进出管理工作。整个智慧停车系统运营的大屏如图 4-3-3 所示。大屏可实时显示进出园区车辆信息及其停放的位置。系统会实时更新每天的运营成本和收入费用,并实时统计分析每天的收支情况。

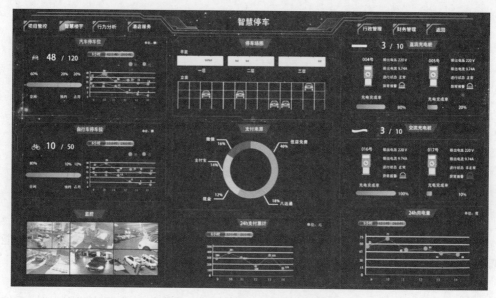

图 4-3-3　智慧停车系统运营大屏显示

用户通过移动端软件,可以非常便捷地预约无人停车场车位,效果如图 4-3-4 所示。

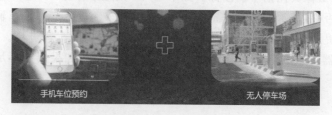

图 4-3-4　预约无人停车场车位

通过地磁系统和指示灯,用户可以准确地找到车辆停放位置,如图 4-3-5 所示。当离开停车场时,用户可以通过高清摄像系统准确定位到车辆停放的位置,并获得离开路线,如图 4-3-6 所示。

图 4-3-5　空余停车位置准确定位

图 4-3-6　高清摄像系统支持快速寻车

　　运用 RFID 技术进行车辆识别,就是采用超高频技术准确识别车辆的 ID,像 ETC 功能一样,无须停车缴费,方便快捷,如图 4-3-7 所示。通过电子标签准确地管理每辆车,如图 4-3-8 所示。

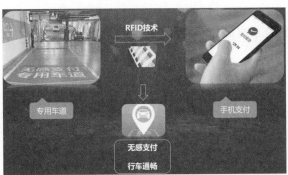

图 4-3-7　无感支付

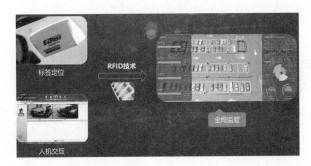

图 4-3-8　RFID 电子标签准确管理

　　为了更好地服务用户,增加服务升级功能,用户可以预约保养等功能。如图 4-3-9 所示,汽车检测服务可针对车辆保养的状态进行管理。

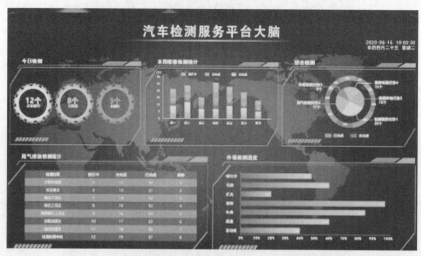

图 4-3-9　汽车检测服务

 习　　题

简答题

试讨论超高频 RFID 系统的标准规范、天线选用、应用场合等。

任务思考

专题 5 Arduino实验

实验 5.1 莫尔斯码

5.1.1 任务要求

1. 任务背景

如图 5-1-1 所示,莫尔斯码(Morse)是美国人莫尔斯于 1844 年发明的。所谓的莫尔斯码,就是通过一种时断时续的信号代码传递出不同的排列顺序,再通过代码翻译,传递出详细且十分机密的信息的方式。

视频——莫尔斯码

图 5-1-1 莫尔斯及莫尔斯码

2. 任务要求

本任务的要求是用 LED 灯实现发送莫尔斯码"SOS",如图 5-1-2 所示。

图 5-1-2 莫尔斯码"SOS"

5.1.2 任务分析

1. 实验器件
- Arduino 主板

- 面包板
- LED 灯
- 1kΩ 电阻
- 跳线

2. 实验原理

通过输出点信号和横信号来实现"SOS"。

5.1.3　任务实施

1. 硬件连接

如图 5-1-3 所示,由于 LED 灯的两个引脚,长接的为阳极,短接的为阴极,因此将 LED 灯的阴极接地,阳极接电阻。电阻用于保护 LED 灯不会因为电流过大而损坏。

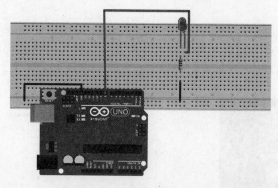

图 5-1-3　LED 灯硬件连接图

2. 软件编程

下面是本实验所用到的程序代码。控制板的引脚有输入和输出两种模式,需要将引脚 8 设置为输出模式,可以采用函数 pinMode,pin 为设定的引脚,mode 为引脚模式,它的值可以是 INPUT 和 OUTPUT,如图 5-1-4 所示。

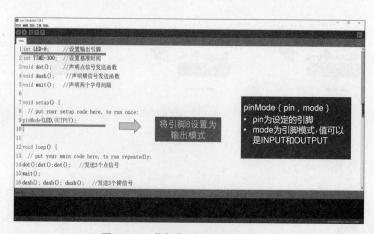

图 5-1-4　莫尔斯码程序代码图(1)

上文选用的引脚 8 是数字引脚,只能输出高电平和低电平,可以通过函数 digitalWrite 来设定。pin 表示要设置的引脚,value 表示输出的电压,可以是 LOW 低电平和 HIGH 高电平,如图 5-1-5 所示。

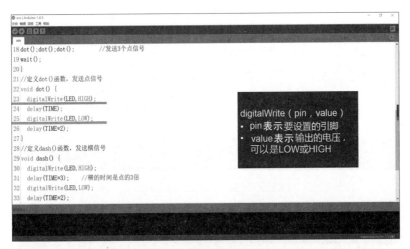

图 5-1-5　莫尔斯码程序代码图(2)

接下来编写程序。首先,设置输出引脚为"引脚 8",设置基准时间为"300ms",如图 5-1-6 所示。

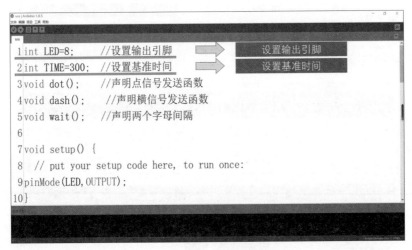

图 5-1-6　莫尔斯码程序代码图(3)

如图 5-1-7 所示,由于会多次使用点和横,所以需要定义点信号和横信号的发送函数以及它们之间的间隔。设置引脚模式为输出之后,开始实现 SOS 信号。

先发送 3 个点信号,即发送字母信号 S,再发送 3 个横信号,即发送字母信号 O,最后发送 3 个点信号,即发送字母信号 S,如图 5-1-8 所示。

接下来在函数中描述点信号。因为点信号维持的时间较短,此处将 LED 灯点亮的延迟时间设为 1 个基准信号;同样,因为横信号维持的时间较长,此处将 LED 灯点亮的延迟时间设为 3 个基准信号,如图 5-1-9 所示。

```
1 int LED=8;      //设置输出引脚
2 int TIME=300;   //设置基准时间
3 void dot();     //声明点信号发送函数
4 void dash();    //声明横信号发送函数        定义函数
5 void wait();    //声明两个字母间隔
6
7 void setup() {
8    // put your setup code here, to run once:   设置引脚模式为输出
9 pinMode(LED,OUTPUT);
10 }
```

图 5-1-7　莫尔斯码程序代码图(4)

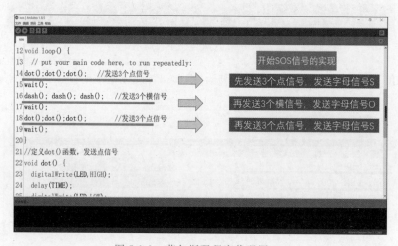

```
12 void loop() {
13    // put your main code here, to run repeatedly:    开始SOS信号的实现
14 dot();dot();dot();    //发送3个点信号    先发送3个点信号，发送字母信号S
15 wait();
16 dash();dash();dash();  //发送3个横信号   再发送3个横信号，发送字母信号O
17 wait();
18 dot();dot();dot();    //发送3个点信号    再发送3个点信号，发送字母信号S
19 wait();
20 }
21 //定义dot()函数，发送点信号
22 void dot() {
23    digitalWrite(LED,HIGH);
24    delay(TIME);
25    digitalWrite(LED,LOW);
```

图 5-1-8　莫尔斯码程序代码图(5)

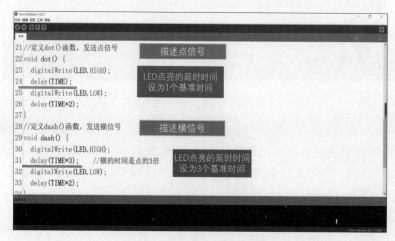

```
21 //定义dot()函数，发送点信号
22 void dot() {                        描述点信号
23    digitalWrite(LED,HIGH);
24    delay(TIME);                      LED点亮的延时时间
25    digitalWrite(LED,LOW);            设为1个基准时间
26    delay(TIME*2);
27 }
28 //定义dash()函数，发送横信号       描述横信号
29 void dash() {
30    digitalWrite(LED,HIGH);
31    delay(TIME*3);    //横的时间是点的3倍   LED点亮的延时时间
32    digitalWrite(LED,LOW);            设为3个基准时间
33    delay(TIME*2);
```

图 5-1-9　莫尔斯码程序代码图(6)

下载程序后,可以看到 LED 灯正通过闪烁的方式发送"SOS"的信号。通过这种方式也可以实现其他信息的传输。

习　　题

简答题

除了用灯光变化来显示莫尔斯码,还可以用什么方式来展现莫尔斯码?请说说你的方案。

任务思考

实验 5.2 智 能 路 灯

5.2.1 任务要求

本任务的要求是利用光敏电阻搭建电路,并通过编程实现小型的智能路灯。

视频——智能路灯

5.2.2 任务分析

1. 实验器件

- Arduino 主板
- 面包板
- LED 灯
- 1kΩ 电阻
- 2kΩ 电阻
- 光敏电阻
- 跳线

2. 实验原理

如图 5-2-1 所示,光敏电阻是用半导体材料制成的特殊电阻器,其工作原理是基于内光电效应,在光敏电阻的受光面设置锯齿状的感光材料。光敏电阻对光线十分敏感,它的阻值会随着光线的亮度而变化,光线越强,阻值越低。

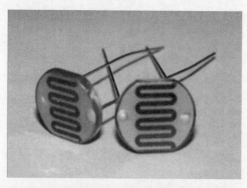

图 5-2-1 光敏电阻

5.2.3 任务实施

1. 硬件连接

如图 5-2-2 所示,首先将光敏电阻与 2kΩ 电阻串联,光敏电阻的另一端接主板的 GND

端口,电阻的另一端接主板的 5V 端口。在光敏电阻与普通电阻连接处引出跳线,接 A0 端口,用于读取变化的数值。光敏电阻与普通电阻构成了一个分压形式。接着将 LED 灯的阴极接地,阳极接 1kΩ 电阻,再接数字端口 8,通过引脚 8 输出高电平,从而点亮 LED 灯。

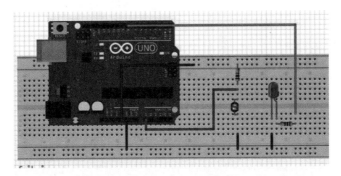

图 5-2-2　模拟智能路灯硬件连接图

2. 软件编程

要通过光线变化引起的电压变化来控制 LED,首先需要知道光线强和弱时 Arduino 主板读取的数字范围是多少,因此先要利用串口来读取输入的值。

如图 5-2-3 所示,在程序中,为了在串口监视器上看到数值变化,先初始化串口,然后声明接收 A0 端口模拟输入量的整型变量,并输出该变量的数值。为了便于观察,可增加延时的指令。

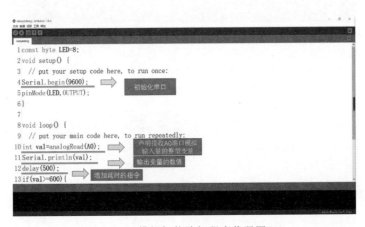

图 5-2-3　模拟智能路灯程序代码图(1)

上传成功后,打开串口监视器,在不遮挡光敏电阻的情况下,串口的数值为 400 左右;遮挡光敏电阻后,数值增加到 700 左右。光照变化在数值上有明显的反应,如图 5-2-4 所示。考虑到数值的波动,所以在控制 LED 时,选取 600 作为开关 LED 的临界值,比较能体现效果。

有了临界值,下面就可以在之前的基础上编写程序。先设置 LED 的输出引脚为引脚 8,在 setup() 函数中设置为输出模式。接着,在 loop() 函数中用 if 语句判断 LED 是否点亮。如果读取的数值大于 600,则光敏电阻被遮挡,表示天黑,这时利用 digitalWrite() 函数在 LED 端口输出高电平,点亮 LED;反之,则在 LED 端口输出低电平,熄灭 LED,如图 5-2-5 所示。

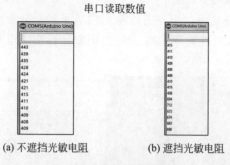

(a) 不遮挡光敏电阻   (b) 遮挡光敏电阻

图 5-2-4   串口数值变化图

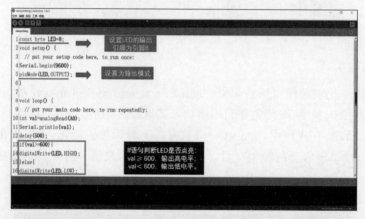

图 5-2-5   模拟智能路灯程序代码图(2)

下载程序后,能看到遮挡光敏电阻时,LED灯点亮;不遮挡光敏电阻时,LED灯熄灭。

 习   题

简答题

光敏电阻在生活中还有什么应用?

任务思考

实验 5.3 智能安防之动作感应报警器

5.3.1 任务要求

本任务的要求是使用热释电传感器搭建电路,并通过编程实现动作感应报警装置。

5.3.2 任务分析

视频——智能
安防之动作感
应报警器

1. 实验器件

- Arduino 主板
- 面包板
- LED 灯
- 热释电传感器
- 蜂鸣器
- 跳线

2. 实验原理

热释电传感器又称为人体红外传感器,主要用于生活中的防盗报警、来客告知等。热释电传感器探测人体发射的 $10\mu m$ 左右的红外线进行工作,如图 5-3-1 所示。

图 5-3-1 热释电传感器

5.3.3 任务实施

1. 硬件连接

将传感器模块的 VCC 用灰色杜邦线接到主板的 5V 接口,GND 端用黑色杜邦线接到主板的 GND 接口,将数据端用棕色杜邦线接到主板的引脚 2。接着,将 RGB-LED 模块插在面包板上,负极通过黑色跳线接面包板 GND 导轨,引脚 2 通过黄色跳线接到 13 端口。

然后,将蜂鸣器也插在面包板上,负极通过黑色跳线接 GND 导轨,正极通过红色跳线接引脚 10。最后,将面包板的 GND 导轨通过杜邦线连接主板的 GND。

2. 软件编程

如图 5-3-2 所示,首先,设置 LED 变量表示 LED 灯的引脚为 13 脚,设置 pin 变量表示传感器的数据引脚为 2 脚,设置 speaker 变量表示蜂鸣器的引脚为 10 脚。接着,将 LED 设置为"输出"。

```
int LED=13;//设置LED变量表示LED灯的引脚为13脚
int pin=2;//设置pin变量表示传感器的数据引脚为2脚
int speaker=10;//设置speaker变量表示蜂鸣器的引脚为10脚
void setup() {
pinMode(LED, OUTPUT);// 将LED设置为"输出"
pinMode(pin, INPUT);
pinMode(speaker, OUTPUT);
Serial.begin(9600);
}
```

图 5-3-2　动作感应报警器程序代码图(1)

最后,通过读取热释电红外传感器感应的数值来判断有没有人经过。如果 val 为 1,表示有人经过,那么将 LED 设置为高电平,点亮 LED 灯,同时将 speaker 设置为高电平,蜂鸣器报警;如果 val 为 0,表示没有人经过,那么将 LED 设置为低电平,LED 灯熄灭,同时将 speaker 设置为低电平,蜂鸣器停止报警,如图 5-3-3 所示。

```
void loop() {
int val=digitalRead(pin);//读取热释电红外传感器感应的数值
Serial.println(val);
if (val==1){ //如果是1, 表示有人经过
digitalWrite(LED, HIGH);
digitalWrite(speaker, HIGH);
//delay(50);
}
if (val==0) { //如果是0, 表示没有人经过
digitalWrite(LED, LOW);
digitalWrite(speaker, LOW);
//delay(50);
}
}
```

图 5-3-3　动作感应报警器程序代码图(2)

下载程序后,用手滑过传感器模块,代替人通过,这时 LED 灯点亮,蜂鸣器同时发出报警声;人离开后,LED 灯熄灭,蜂鸣器不发声。这样,动作感应报警器就完成了。

习 题

简答题

热释电传感器在生活中还有什么应用?

任务思考

实验 5.4　RFID 门禁

5.4.1　任务要求

1. 任务背景

随着社会的发展和科技的进步,人们的生活品质日益提高,一些新
技术逐步运用到生活中,比如 RFID 智能门禁系统。这种智能门禁系统
的应用场景非常广泛,包括家庭、楼道出入口、电梯口、小区出入口、设备
控制中心等。在这些地方,需要识别出入口人员的身份,对出入口进行
控制。这种系统可以使人们的生活更加便利,同时可以提升相应场所信
息化、规范化管理的程度。

视频——RFID
门禁系统实验

2. 任务要求

基于 Arduino 实验套件,设计一套 RFID 智能门禁系统,轻轻扫一下 RFID 模块上的钥
匙圈,如果 ID 正确,则进行欢迎;如果 ID 不正确,则报警。

5.4.2　任务分析

1. 实验器件

这个实验中,将使用一个 RFID 模块、一个继电器模块和 LCD 显示屏制作一个门禁系
统。实验所需的部分组件如图 5-4-1 所示。

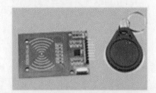

图 5-4-1　RFID 门禁部分实验组件

- Arduino Uno 主板
- RFID 模块
- RFID 钥匙标签
- 继电器模块
- I^2C LCD1602 液晶屏
- 面包板
- USB 数据线
- 跳线若干

2. 实验原理

本部分对实验要求进行分析和细化。首先,需要得到 RFID 密钥标签的 ID,并将 ID 写入 rfidTest 文件,编译生成代码并烧写到开发板中。可以看到字符串 welcome 显示在 LCD 屏幕上。轻轻扫一下 RFID 模块上的钥匙圈,如果 ID 正确,继电器的常开触点将打开,显示字符串 ID 和欢迎标语,持续 2s,然后显示字符串"welcome"。如果 ID 不正确,继电器的常开触点将断开,LCD 将显示一个报警字符串,并持续 2s,之后显示字符串"welcome"。注意,对于这个模块,请使用 3.3V 电源,否则会烧毁内部电路。

5.4.3 任务实施

1. 硬件连接

硬件连接一共分为三个部分。第一部分是将射频模块与开发板之间进行连线,见表 5-4-1。需要注意的是,RFID 射频模块引脚较多,要确保接线的规范性与正确性。第二部分是将 LCD 与开发板之间的相应引脚进行接线,见表 5-4-2。第三部分是将继电器模块与开发板之间的相应引脚进行接线,见表 5-4-3。RFID 门禁硬件连接如图 5-4-2 所示。

表 5-4-1 RFID 射频模块与 Arduino Uno 之间的连线

RFID 射频模块	Arduino Uno
3.3V	3.3V
RST	2
GND	GND
MISO	3
MOSI	4
SCK	5
SDA	6
IRQ	7

表 5-4-2 I²C LCD 1602 与 Arduino Uno 之间的连线

I²C LCD1602	Arduino Uno
GND	GND
VCC	5V
SDA	A4
SCL	A5

表 5-4-3 继电器模块和 Arduino Uno 之间的连线

继电器模块	Arduino Uno
SIG	8
VCC	5V
GND	GND

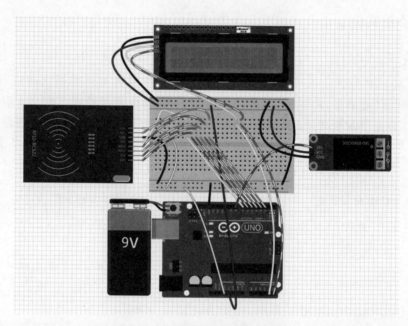

图 5-4-2 RFID 门禁硬件连接示意图

2. 添加库函数

由于对于一些器件，所需的库不包含在 Arduino 中，因此在做实验之前，需要把 RFID 模块和 LCD 模块的库文件添加到 Arduino 安装位置的 libraries 文件夹中。如果找不到 Arduino 的安装位置，可以右击 Arduino 图标，选择打开文件所在位置即可。如果不添加库函数，后果是程序编译错误。

这里会涉及两个代码文件。第一个文件名"getId"是用来获取家钥标签 ID 的，第二个文件名"rfidTest"是用来实现本次门禁系统功能的。

3. 获取标签的 ID 并在程序中替换

现在要获取密钥标签的 ID。打开 getId 文件，编译代码。将程序烧写到开发板中，然后将密钥标签放入模块的感应区。打开串行监视器，此时将在串行监视器上得到密钥标签的 ID，请把密钥标签的 ID 记录下来。

接下来打开 rfidTest 文件，并将程序中的 ID 替换为记录下的 ID。在代码中，将 ID 分成四个部分，并按照指定格式填充，如图 5-4-3 所示。

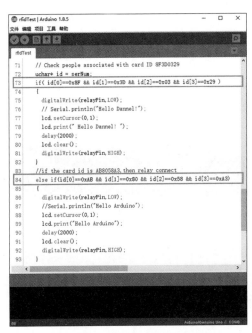

图 5-4-3　替换 ID 值

4. 上传程序到开发板

改好 ID 后，就可以将程序烧写到开发板中。此时，就能实现刚才所说的 RFID 门禁系统功能。

5. 代码分析

下面简单地看一下 rfidTest 中的代码。代码的起始部分主要是将库函数以头文件的形式嵌入代码。在代码的 setup() 部分，主要进行了硬件的初始化和部分引脚模式的设定。这部分代码只运行一遍，如图 5-4-4 所示。代码的 loop() 部分会周而复始地运行，也是实现这个实验中功能的主体，如图 5-4-5 和图 5-4-6 所示。在这部分代码中，首先判断初始化是否成功，初始化成功后获取卡号。在接下来的 if-else 语句中，对卡号进行判断，如果是自己的卡号，通过 digitalWrite() 函数打开继电器常开触点，并在 LCD 上显示欢迎字符串，通过 delay() 函数持续 2s，然后会清除屏幕内容，并关闭继电器常开触点，如果是别人的卡，则在 LCD 上显示报警字符串，持续 2s。if-else 语句执行完之后，LCD 屏幕会继续显示 welcome 字符串。

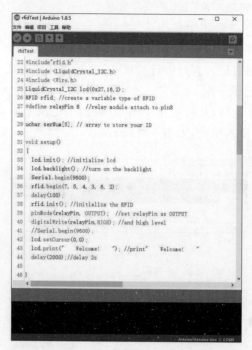

图 5-4-4　代码的起始部分

图 5-4-5　代码的循环部分(1)

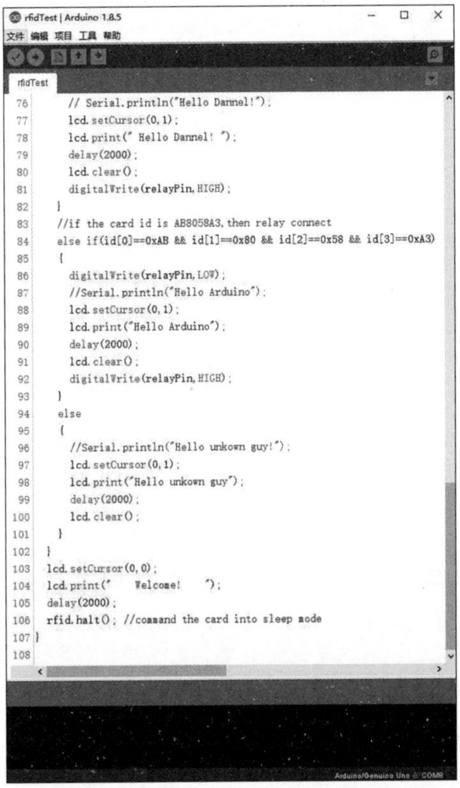

图 5-4-6　代码的循环部分(2)

习　　题

简答题

门禁系统属于低频、高频、超高频中的哪一种?

任务思考

实验 5.5 小型气象站

5.5.1 任务要求

本任务的要求是利用温湿度传感器和 LCD 搭建电路,并通过软件编程实现小型气象站。

视频——小型
气象站

5.5.2 任务分析

1. 实验器件

- Arduino 主板
- 面包板
- DHT11 温湿度传感器
- LCD1602 液晶显示屏
- 跳线

2. 实验原理

温湿度传感器检测到的温度通过电路显示在 LCD 显示屏上。

5.5.3 任务实施

1. 硬件连接

如图 5-5-1 所示,首先将 LCD 与主板相连:连接 VCC 到主板的 5V 端口,连接 GND 到主板的 GND,要注意的是 SDA 只能接到 A4 端口,SCL 只能接在 A5 端口。然后连接 DHT11 温湿度传感器模块:将地线通过杜邦线连接 GND 端口,电源线通过杜邦线接入 3.3V 端口,DATA 数据段通过杜邦线接入 A0 端口。

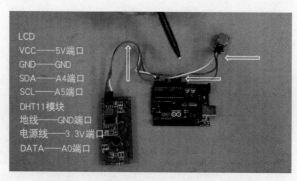

图 5-5-1 模拟小型气象站硬件连接图

2. 软件编程

首先,调用液晶显示器 LCD 和温湿度传感器 DHT11 的库,并且定义相关对象。接着,设置输入端口为 A0 端口。然后,在 setup()函数中设置输出温湿度数值所用的端口。最后,在 loop()函数中设置读取温湿度数值的端口,如图 5-5-2 和图 5-5-3 所示。

```
#include <LiquidCrystal.h>  //液晶显示的库
#include <dht11.h>   //引用传感器的库
dht11 DHT11;   //定义对象
LiquidCrystal lcd(11, 12, 6, 5, 4, 3);
int PIN=A0; //输入端口是A0
void setup() {
lcd.begin(16, 2);
lcd.setCursor(4,0);
lcd.print("TEMP");
lcd.setCursor(0,1);
lcd.print("HUMIDITY");
}
```

图 5-5-2 模拟小型气象站程序代码图(1)

```
void loop() {
DHT11.read(PIN);
lcd.setCursor(9,0);
lcd.print((float)DHT11.temperature, 2);   //输出带小数点湿度和温度, float表示浮点型
lcd.print("oC");
lcd.setCursor(9,1);
lcd.print((float)DHT11.humidity, 2);
lcd.print("%");
delay(2000);
}
```

图 5-5-3 模拟小型气象站程序代码图(2)

下载程序后,会在液晶屏上看到第一行显示温度,第二行显示湿度。如果将 DHT11 温湿度传感器模块放在室外,液晶屏上的温度和湿度也将发生变化,这样,一个小型的气象站就做好了。

 习   题

简答题

DHT11 在生活中还有什么应用?

任务思考

参 考 文 献

［1］黄从贵,王荣,平毅.RFID 技术及应用［M］.北京:高等教育出版社,2019.

［2］唐志凌,沈敏.射频识别(RFID)应用技术［M］.3 版.北京:机械工业出版社,2021.

［3］许毅,陈建军.RFID 原理与应用［M］.2 版.北京:清华大学出版社,2020.

［4］单承赣,单玉峰,姚磊,等.射频识别(RFID)原理与应用［M］.3 版.北京:电子工业出版社,2021.

［5］潘春伟.RFID 技术原理及应用［M］.北京:电子工业出版社,2020.

［6］罗志勇,杨美美,李永福,等.物联网:射频识别(RFID)原理及应用［M］.北京:人民邮电出版社,2019.

［7］何东.RFID 技术应用项目化教程［M］.上海:复旦大学出版社,2021.

［8］杨北,杜艳平,朱磊,等.智慧物流系统中的新技术应用及案例分析［J］.绿色包装研究,2019(6):38-45.